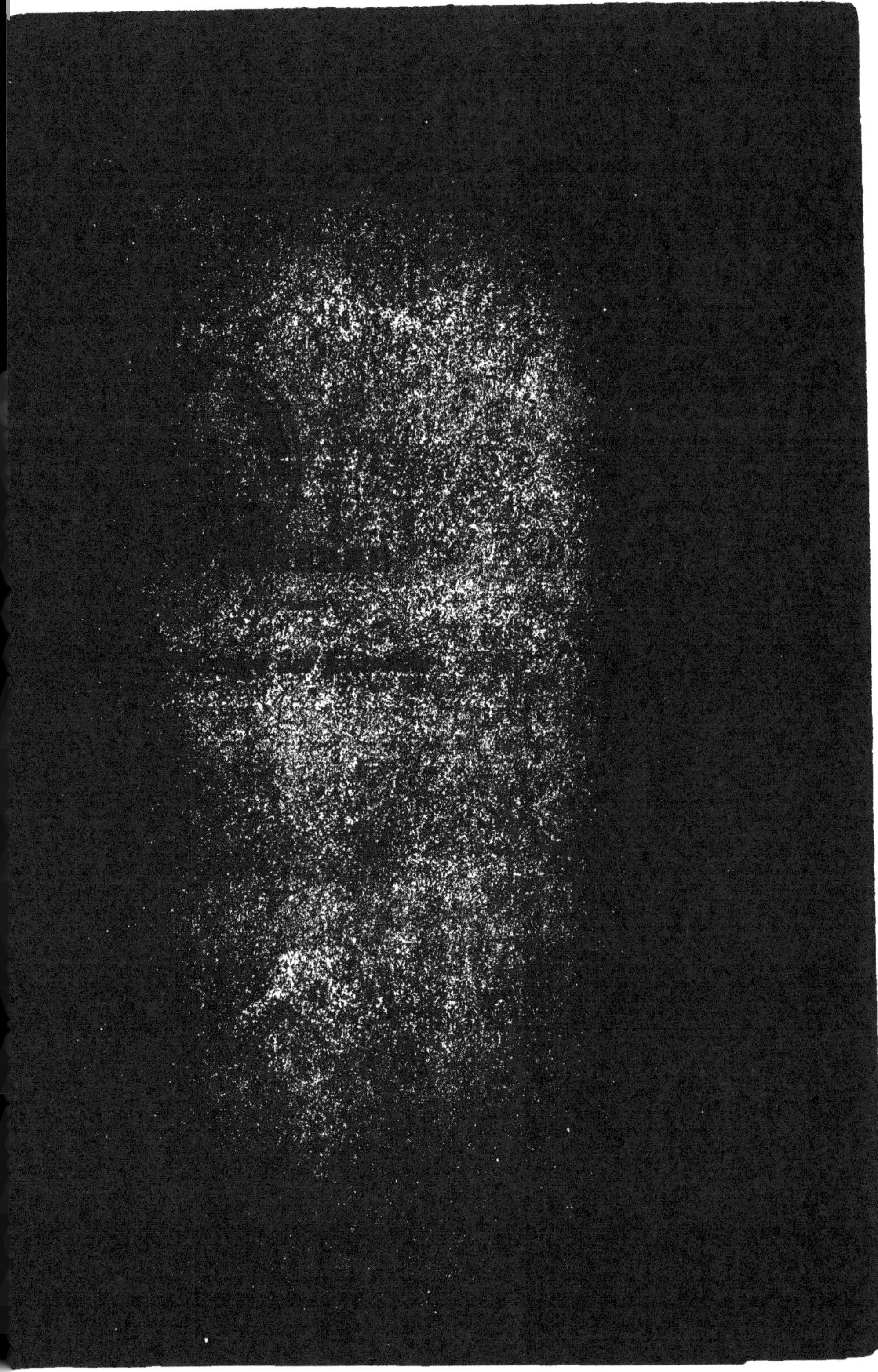

ALGÈBRE

par

ARMAND ERNST

Professeur aux écoles primaires supérieures et spéciales

Corrigé des Exercices

contenus dans

les écoles primaires supérieures,
les cours complémentaires et au B. E.,
et algèbre (Sections spéciales)

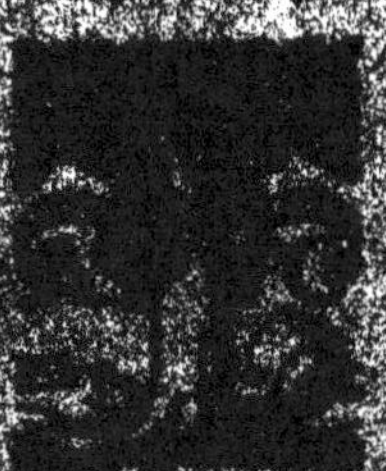

LIBRAIRIE ARMAND COLIN
... Saint-Michel, PARIS

ALGÈBRE

Corrigé des Exercices.

EXERCICES.

la valeur numérique du polynome

$$a^3 + b^3 + c^3 - 3abc$$

$b = 3, \quad c = 5.$

la valeur numérique de l'expression

$$\frac{x^3 - 5x + 6}{x^2 - 12x + 35}$$

la valeur numérique du polynome

$$2x^5 + 7x^4 + 8x^3 + 2x^2 + 6x + 9$$

La réponse est évidente; c'est la forme d'un nombre décimal.

la valeur numérique de l'expression

$$\frac{\sqrt{x^2 + y^2}}{xy}$$

... valeur numérique du polynôme

$$(x+y+z)^3+(x+y-z)^3+(x-y+z)^3 ...$$

pour $\qquad x=7, \quad y=\dfrac{17}{2}, \quad z= ...$

R. 535.

6. Calculer la valeur numérique du polynôme

$$a^4-2a^3b+7a^2b^2-3ab^3+4b^4$$

pour $\qquad a=\dfrac{5}{4} \quad b=\dfrac{3}{5}$

R. 3,743 556 25.

7. Réduire les termes semblables de

$$x^2+2xy+y^2+x^2-2xy+y^2$$

R. $2x^2+2y^2$.

8. Réduire les termes semblables de

$$a^3-3a^2b+3ab^2-b^3+a^3+3a^2b+3ab^2+ ...$$

R. $2a^3+6ab^2$.

9. Réduire les termes semblables de

$$a^4+3a^3b-2a^3b+5ab^3-3a^2b^2+4ab^3+b^4+ ...$$

Vérifier, après réduction, dans l'exemple précédent ...
l'expression obtenue est équivalente à l'expression ...
faisant

$$a=10 \quad b=1$$
$$a=7 \quad b=9.$$

R. $a^4+a^3b+3a^2b^2+3ab^3-b^4$.

Si $a=10$ et $b=1$, on trouve, dans les deux cas : 11 ...
Si $a=7$ et $b=9$, on trouve, dans les deux cas : ...

10. Calculer la valeur numérique de

$$12x^4-5x^3+\dfrac{11}{12}x^2-6x+7$$

pour $x=12$.

R. 240 259.

…aleur numérique de
$$a^3 + 3a^2b + 3ab^2 + b^3$$
…$a^2b + 3ab^2 - b^3$
…$b = 2$.

…ter que le produit des deux valeurs numériques est
…ment la valeur numérique de
$$(a^2 - b^2)^3 \text{ pour } a = 5,\ b = 2,$$

…2° 27.

Le produit des valeurs numériques est : 9 261.
…ur numérique de $(a^2 - b^2)^3$ pour $a = 5$ et $b = 2$ est aussi : 9 261.

…culer la valeur numérique de
$$P = x^5 - 5ax^4 + 16a^2x^3 - 16a^3x^2 + 5a^4x - a^5$$
…10 et $a = 5$.

…ditionner les trois polynomes
$$P = 5a^3b^4 - 10a^5b^3 + 18a^4b^2,$$
$$P' = 16a^5b^3 + 2a^3b^4 - 27a^4b^2$$
$$P'' = 9a^4b^3 - 8a^5b^3 + 9a^2b^4$$
…$b^3 + 7a^3b^4 + 9a^3b^4$.

…ditionner les trois polynomes
$$x + y - z,\quad x - y + z,\quad -x + y + z$$
…$+ z$.

…ditionner les quatre polynomes
$$P = 2x + 3y - 4z$$
$$P' = 5y + 6z - 7x$$
$$P'' = 8z + 9x - 10y$$
$$P''' = 11x + 12y + 13z,$$

…résultat en faisant $x = 2$; $y = 3$; $z = 4$.

$$= x; \; y = 2; \; z = 1,$$

La valeur numérique de P …
La valeur numérique de P' …
La valeur numérique de P'' est …
La valeur numérique de P''' est …

La somme des valeurs numériques de ces quatre polynomes est précisément la valeur numérique de $15x + 10y + \ldots$ pour $y = 2; \; z = 1.$

16. Faire la somme des trois polynomes

$$x + y, \quad y + z, \quad z + x$$

et retrancher de la somme respectivement chacun des polynomes.

En posant $$2p = a + b + c,$$

calculer $\quad$ 1° $p - a$; $\quad$ 2° $p - b$; $\quad$ 3° $p - c$.

R. La somme est $2x + 2y + 2z$.

Les différences sont respectivement :

$$1°\; x + y + 2z; \qquad 2°\; x + 2y + z; \qquad 3°\; 2x + y + z$$

En posant $2p = a + b + c$:

$$1°\; p - a = \frac{b + c - a}{2}; \quad 2°\; p - b = \frac{c + a - b}{2}; \quad 3°\; p - c = \ldots$$

17. Du polynome $3x^2 - 5xy + 12y^2$ retrancher le polynome

$$\frac{2}{5}x^2 - \frac{4}{9}xy + 5y^2$$

Vérifier l'opération pour $x = 1, \; y = 2$.

R. $\dfrac{13}{5} x^2 - \dfrac{41}{9} xy + 7y^2$.

Pour $x = 1, \; y = 2,$

La valeur numérique est : $\dfrac{967}{45}$.

La valeur numérique du premier polynome est …

La valeur numérique du deuxième polynome est …

La différence des valeurs $\dfrac{1845}{45} - \dfrac{378}{45}$ est bien égale à …

$m'^2 + m''^2$, sachant que l'on a:

$$\frac{b^2}{2}+\frac{c^2}{2}-\frac{a^2}{4} \qquad m'^2 = \frac{c^2}{2}+\frac{a^2}{2}-\frac{b^2}{4} \qquad m''^2 = \frac{a^2}{2}+\frac{b^2}{2}-\frac{c^2}{4}$$

Vérifier pour $a=5$, $b=4$, $c=3$.

$$m^2 + m'^2 + m''^2 = \frac{3}{4}(a^2+b^2+c^2).$$

$a=5$, $b=4$, $c=3$,

$$m^2 = \frac{25}{4}; \qquad m'^2 = 13; \qquad m''^2 = \frac{73}{4}.$$

$$m^2 + m'^2 + m''^2 = \frac{75}{2} \quad \text{et} \quad \frac{3}{4}(a^2+b^2+c^2) = \frac{75}{2}.$$

Multiplier $a+4b-c$ par $a-4b+c$.

Ordonner le produit par rapport aux puissances décroissantes de a.

Vérifier pour $a=5$, $b=1$, $c=3$.

$a^2-16b^2+8bc-c^2$.

Pour $a=5$, $b=1$, $c=3$,

La valeur numérique du premier polynome est : 6.
La valeur numérique du deuxième polynome est : 4.
La valeur numérique du produit est : 24,

est bien le produit de 6 par 4.

Multiplier $a^3+3a^2b+3ab^2+b^3$ par $a^2+2ab+b^2$.
Vérifier pour $a=1$, $b=2$.

$a^5+5a^4b+10a^2b^2+10a^2b^3+5ab^4+b^5$.

$a=1$ et $b=2$,

La valeur numérique du premier polynome est : 27.
La valeur numérique du deuxième polynome est : 9.
La valeur numérique du produit est : 243,

est bien le produit de 27 par 9.

Multiplier $a^3-3a^2b+3ab^2-b^3$ par $a^2+2ab+b^2$.
Ordonner par rapport aux puissances décroissantes de a.
Vérifier pour $a=4$, $b=2$.

$a^5-a^3b^2+2a^2b^3+ab^4-b^5$.

Pour $a=4$, $b=2$,

La valeur numérique du premier polynome est : 8.
La valeur numérique du deuxième polynome est : 36.
La valeur numérique du produit est : 288,

ce qui est bien le produit de 36 par 8.

22. Multiplier $a^3-3a^2b+3ab^2-b^3$ par $a^3+3a^2b+3ab^2+b^3$. Ordonner par rapport aux puissances décroissantes de a. Vérifier pour $a=2$, $b=1$.

R. $a^6-3a^4b^2+3a^2b^4-b^6$.

Pour $a=2$, $b=1$,

La valeur numérique du premier polynome est : 1.
La valeur numérique du deuxième polynome est : 27.
La valeur numérique du produit est : 27,

ce qui est bien le produit de 1 par 27.

23. Vérifier l'identité

$$(a^2+b^2+c^2)(a'^2+b'^2+c'^2)-(aa'+bb'+cc')^2 =$$
$$=(ab'-ba')^2+(bc'-cb')^2+(ca'-ac')^2$$

R. (Il n'y a qu'à faire les calculs et l'on constate que les deux membres sont identiques. Cette égalité est connue sous le nom d'identité *de Lagrange*.)

24. Calculer et réduire l'expression

$$(x+y+z)^3-3(y+z)(z+x)(x+y)$$

R. $x^3+y^3+z^3$.

25. Calculer et réduire l'expression

$$(a+b+c)(a+b-c)(a-b+c)(-a+b+c)$$

Vérifier pour $a=6$, $b=5$, $c=4$.

R. $-a^4-b^4-c^4+2a^2b^2+2b^2c^2+2c^2a^2$.

(La vérification numérique se fait comme précédemment.)

26. Calculer et réduire l'expression

$$(a+b+c-d)(a+b-c+d)(a-b+c+d)(-a+b+c+d)$$

Vérifier pour $a=7$, $b=8$, $c=9$, $d=10$.

R. $a^4-b^4-c^4-d^4+2a^2b^2+2a^2c^2+2a^2d^2+2b^2c^2+2b^2d^2+ \ldots$
$+8abcd$.

(Il n'y a qu'à effectuer les calculs. La vérification numérique se fait comme précédemment.)

Calculer et réduire l'expression
$$+ 3(a + b)^2 (a - b) + 3(a + b) (a - b)^2 + (a - b)^3$$
...er pour $a = 2$, $b = 1$.

(La vérification numérique se fait comme précédemment.)

Calculer et réduire l'expression
$$(a + b)^3 - 3(a + b)^2 (a - b) + 3(a + b) (a - b)^2 - (a - b)^3$$
Vérifier pour $a = 3$, $b = 1$.

Vérifier l'identité
$$(a^2 + pb^2)(c^2 + pd^2) = (ac + pbd)^2 + p (ad - bc)^2$$

(Il n'y a qu'à effectuer les calculs et l'on constate que les deux ... sont identiques. Cette égalité est connue sous le nom ...ité de Léonard de Pise.)

Vérifier l'identité
$$(a^2 + b^2 + c^2 + d^2)(a'^2 + b'^2 + c'^2 + d'^2) = (aa' + bb' + cc' + dd')^2$$
$$+ (ab' - ba' + cd' - dc')^2 + (ac' - bd' - ca' + db')^2 + (ad' + bc'$$
$$- cb' - da')^2$$

(Il n'y a qu'à effectuer les calculs.)

Vérifier que
$$(x + y + z)^3 = x^3 + y^3 + z^3 + 3 (x + y + z) (xy + yz + zx)$$
$$- 3xyz$$

(Il n'y a qu'à effectuer les calculs.)

Si un nombre est la somme de deux carrés, son carré est aussi la somme de deux carrés.

Un nombre qui est la somme de deux carrés est de la forme $a^2 + b^2$; son carré est $(a^2 + b^2)^2$;
$$(a^2 + b^2)^2 = (a^2 - b^2)^2 + 4a^2b^2.$$
$$(a^2 + b^2)^2 = (a^2 - b^2)^2 + (2ab)^2 \qquad \text{C. Q. F. D.}$$
$$(4 + 16)^2 = (16 - 4)^2 + (2 \times 4 \times 2)^2$$
$$(20)^2 = 400 = 144 + 256 = 12^2 + 16^2.$$
$$(9 + 1)^2 = (9 - 1)^2 + (2 \times 3 \times 1)^2$$
$$(10)^2 = 100 = 64 + 36 = 8^2 + 6^2.$$

Décomposer $4x^2y^2 - (x^2 + y^2 - z^2)^2$ en un produit de quatre facteurs du premier degré en x, y, z.

R. $$4x^2y^2 - (x^2 + y^2 - z^2)^2 \equiv (2xy + x^2 + y^2 - z^2)(2xy - x^2 - y^2 + z^2) \equiv [(x + y)^2 - z^2][z^2 - (x - y)^2] = (x + y + z)(x + y - z)(z + x - y)(z - x + y).$$

34. Diviser $81a^6b^3$ par $3a^4b^2$.

R. $27a^2b$.

35. Diviser $27x^3y^2z$ par $-9xyz$.

R. $-3x^2y$.

36. Diviser $-64xy^2z^3$ par $-16yz$.

R. $+4xyz^2$.

37. Diviser $8x^3 - 4x^2y + 12x^2z$ par $4x$.

R. $2x^2 - xy + 3xz$.

38. Diviser $8x^3 - 4x^2y + 12x^2z$ par $-2x^2$.

R. $-4x + 2y - 6z$.

39. Diviser $x^{m+2}y^p + 2x^{m+1}y^{p+1} + x^m y^{p+2}$ par $x^m y^p$.

R. $x^2 + 2xy + y^2$ où : $(x + y)^2$.

40. Diviser $7x^2y - 8xy^2 + 4x^2y^3$ par xy.

R. $7x - 8y + 4xy$.

41. Diviser $12x^3y^2 + 3x^2y^3 - 9x^2y^2z$ par $3x^2y^2$.

R. $4x + y - 3z$.

42. Diviser $2x^2yz + 4xy^2z + 6xyz^2$ par $2xyz$.

R. $x + 2y + 3z$.

43. Diviser $9x^2y^3z^3 + 12x^3y^2z^3 + 27x^3y^3z^2$ par $3x^2y^2z^2$.

R. $3yz + 4xz + 9xy$.

$$\frac{18a^2bc}{3a^2b}, \quad \frac{25x^2y + 35xy^2}{5xy}$$

Rép. 2° $5x + 7y$.

Simplifier $\dfrac{3(a^2-b^2)}{a+b}, \quad \dfrac{2(a^2-b^2)}{a-b}$

Rép. 1° $3(a-b)$; 2° $2(a+b)$.

Simplifier $\dfrac{a^2 + 2ab + b^2}{a^2 - b^2}$

$$\frac{a^2 + 2ab + b^2}{a^2 - b^2} = \frac{(a+b)^2}{(a+b)(a-b)} = \frac{a+b}{a-b}$$

Simplifier $\dfrac{a^3 + 3a^2b + 3ab^2 + b^3}{a^2 + 2ab + b^2}$

$$\frac{a^3 + 3a^2b + 3ab^2 + b^3}{a^2 + 2ab + b^2} = \frac{(a+b)^3}{(a+b)^2} = a+b.$$

Simplifier $\dfrac{a^3 - 3a^2b + 3ab^2 - b^3}{(a^2 + b^2)^2}$

$$\frac{a^3 - 3a^2b + 3ab^2 - b^3}{(a^2 + b^2)^2} = \frac{(a-b)^3}{(a^2 + b^2)^2}$$

Additionner $\dfrac{3}{1-x} + \dfrac{2}{1+x}$

$$\frac{3}{1-x} + \frac{2}{1+x} = \frac{3(1+x)}{1-x^2} + \frac{2(1-x)}{1-x^2} = \frac{3(1+x) + 2(1-x)}{1-x^2} = \frac{5+x}{1-x^2}.$$

Additionner $\dfrac{5}{1-x} + \dfrac{3}{1+x} + \dfrac{4}{1-x^2}$

$$\frac{5}{1-x} + \frac{3}{1+x} + \frac{4}{1-x^2} = \frac{5(1+x)}{1-x^2} + \frac{3(1-x)}{1-x^2} + \frac{4}{1-x^2} =$$

$$\frac{5(1+x) + 3(1-x) + 4}{1-x^2} = \frac{12 + 2x}{1-x^2}$$

51. Additionner $\dfrac{1}{x-2}+\dfrac{1}{x-3}+\dfrac{1}{(x-2)\,(x-3)}$

R. $\dfrac{1}{x-2}+\dfrac{1}{x-3}+\dfrac{1}{(x-2)(x-3)}=\dfrac{x-3}{(x-2)(x-3)}+$

$\dfrac{x-2}{(x-2)(x-3)}=\dfrac{1}{(x-2)(x-3)}=\dfrac{2x-4}{(x-2)(x-3)}=\dfrac{2(x-2)}{(x-2)(x-3)}=$

$$\dfrac{2}{x-3}.$$

52. Additionner $\dfrac{x-1}{x+1}+\dfrac{x+1}{x-1}+\dfrac{x^2}{x^2-1}$

R. $\dfrac{x-1}{x+1}+\dfrac{x+1}{x-1}+\dfrac{x^2}{x^2-1}=\dfrac{(x-1)^2}{x^2-1}+\dfrac{(x+1)^2}{x^2-1}+\dfrac{x^2}{x^2-1}=$

$$\dfrac{(x-1)^2+(x+1)^2+x^2}{x^2-1}=\dfrac{3x^2+2}{x^2-1}.$$

53. Additionner $\dfrac{a-b}{b-c}+\dfrac{b-c}{c-a}+\dfrac{c-a}{a-b}$

R. $\dfrac{a-b}{b-c}+\dfrac{b-c}{c-a}+\dfrac{c-a}{a-b}=\dfrac{(a-b)^2(c-a)}{(b-c)(c-a)(a-b)}+$

$\dfrac{(b-c)^2(a-b)}{(b-c)(c-a)(a-b)}+\dfrac{(c-a)^2(b-c)}{(b-c)(c-a)(a-b)}=$

$\dfrac{(a-b)^2(c-a)+(b-c)^2(a-b)+(c-a)^2(b-c)}{(b-c)(c-a)(a-b)}=$

$$\dfrac{-a^3-b^3-c^3+3a^2b+3b^2c+3c^2a-6abc}{(a-b)(b-c)(c-a)}.$$

54. Calculer $\dfrac{5}{x-1}-\dfrac{2}{x+1}$

R. $\dfrac{5}{x-1}-\dfrac{2}{x+1}=\dfrac{5(x+1)-2(x-1)}{(x-1)(x+1)}=\dfrac{3x+7}{x^2-1}.$

55. Calculer $\dfrac{2}{x-1}+\dfrac{3}{x+1}-\dfrac{4}{x^2-1}$

R. $\dfrac{2}{x-1}+\dfrac{3}{x+1}-\dfrac{4}{x^2-1}=\dfrac{2(x+1)}{x^2-1}+\dfrac{3(x-1)}{x^2-1}-\dfrac{4}{x^2-1}=$

$\dfrac{2(x+1)+3(x-1)-4}{x^2-1}=\dfrac{5x-5}{x^2-1}=\dfrac{5(x-1)}{x^2-1}=\dfrac{5}{x+1}.$

$$\frac{a+b}{a-b} + \frac{b+c}{b-c} - \frac{c+a}{c-a}$$

$$\frac{a+b}{a-b} + \frac{b+c}{b-c} - \frac{c+a}{c-a} = \frac{(a+b)(b-c)(c-a)}{(a-b)(b-c)(c-a)} +$$

$$\frac{(b+c)(a-b)(c-a)}{(a-b)(b-c)(c-a)} - \frac{(c+a)(a-b)(b-c)}{(a-b)(b-c)(c-a)} =$$

$$\frac{(a+b)(b-c)(c-a) + (b+c)(a-b)(c-a) - (c+a)(a-b)(b-c)}{(a-b)(b-c)(c-a)} =$$

$$\frac{2abc - 3a^2b - 3c^2b + ac^2 + ab^2 + ca^2 + cb^2}{(a-b)(b-c)(c-a)}$$

7. Calculer

$$\frac{1}{a+b} + \frac{b}{a^2-b^2} - \frac{a}{a^2+b^2}$$

$$\frac{1}{a+b} + \frac{b}{a^2-b^2} - \frac{a}{a^2+b^2} = \frac{a-b}{a^2-b^2} + \frac{b}{a^2-b^2} - \frac{a}{a^2+b^2} =$$

$$\frac{a+b}{a^2+b^2} = \frac{a}{a^2-b^2} - \frac{a}{a^2+b^2} = \frac{a(a^2+b^2) - a(a^2-b^2)}{(a^2-b^2)(a^2+b^2)} =$$

$$\frac{2ab^2}{a^4-b^4}$$

8. Calculer

$$\frac{2}{a^2-b^2} + \frac{1}{(a+b)^2} + \frac{1}{(a-b)^2}$$

$$\frac{2}{a^2-b^2} + \frac{1}{(a+b)^2} + \frac{1}{(a-b)^2} = \frac{2(a^2-b^2)}{(a^2-b^2)^2} + \frac{(a-b)^2}{(a+b)^2(a-b)^2} +$$

$$\frac{(a+b)^2}{(a+b)^2(a-b)^2} = \frac{2(a^2-b^2)}{(a^2-b^2)^2} + \frac{(a-b)^2}{(a^2-b^2)^2} + \frac{(a+b)^2}{(a^2-b^2)^2} =$$

$$\frac{2(a^2-b^2) + (a-b)^2 + (a+b)^2}{(a^2-b^2)^2} = \frac{4a^2}{(a^2-b^2)^2} = \left[\frac{2a}{a^2-b^2}\right]^2$$

9. Calculer

$$\frac{(x+y)^2 + (y+z)^2 + (z+x)^2}{(x+y)(y+z)(z+x)} + \frac{2}{x+y} + \frac{2}{y+z} + \frac{2}{z+x}$$

$$\frac{(x+y)^2 + (y+z)^2 + (z+x)^2}{(x+y)(x+z)(z+x)} + \frac{2}{x+y} + \frac{2}{y+z} + \frac{2}{z+x} =$$

$$\frac{(x+y)^2 + (y+z)^2 + (z+x)^2}{(x+y)(y+z)(z+x)} + \frac{2(y+z)(z+x)}{(x+y)(y+z)(z+x)} +$$

$$\frac{2\,(z+x)\,(x+y)}{(x+y)\,(y+z)\,(z+x)}+\frac{2\,(x+y)\,(y+z)}{(x+y)\,(y+z)\,(z+x)}=$$

$$\frac{(x+y)^2+(y+z)^2+(z+x)^2+2\,(y+z)\,(z+x)+2\,(z+x)\,(x+y)+2\,(x+y)\,(y+z)}{(x+y)\,(y+z)\,(z+x)}=$$

$$\frac{4\,(x^2+y^2+z^2+2xy+2yz+2zx)}{(x+y)\,(y+z)\,(z+x)}=$$

$$\frac{4\,(x+y+z)^2}{(x+y)\,(y+z)\,(z+x)}.$$

60. Calculer

$$\frac{(x-y)^2+(y-z)^2+(z-x)^2}{(x-y)\,(y-z)\,(z-x)}+\frac{2}{x-y}+\frac{2}{y-z}+\frac{2}{z-x}$$

R.

$$\frac{(x-y)^2\,(y-z)^2\,(z-x)^2}{(x-y)\,(y-z)\,(z-x)}+\frac{2}{x-y}+\frac{2}{y-z}+\frac{2}{z-x}=$$

$$\frac{(x-y)^2+(y-z)^2+(z-x)^2}{(x-y)\,(y-z)\,(z-x)}+$$

$$\frac{2\,(y-z)\,(z-x)+2\,(x-y)\,(z-x)+2\,(x-y)\,(y-z)}{(x-y)\,(y-z)\,(z-x)}=$$

$$\frac{(x-y)^2+(y-z)^2+(z-x)^2+2\,(y-z)\,(z-x)+2\,(x-y)\,(z-x)+2\,(x-y)\,(y-z)}{(x-y)\,(y-z)\,(z-x)}$$

$$\frac{0}{(x-y)\,(y-z)\,(z-x)}=0.$$

61. Calculer

$$\frac{a+b}{(b-c)\,(a-c)}+\frac{b+c}{(a-b)\,(a-c)}+\frac{a+c}{(a-b)\,(c-b)}$$

R.

$$\frac{a+b}{(b-c)\,(a-c)}+\frac{b+c}{(a-b)\,(a-c)}+\frac{a+c}{(a-b)\,(c-b)}=$$

$$\frac{a+b}{(b-c)\,(a-c)}+\frac{b+c}{(a-b)\,(a-c)}-\frac{a+c}{(a-b)\,(b-c)}=$$

$$\frac{a^2-b^2}{(a-b)\,(b-c)\,(a-c)}+\frac{b^2-c^2}{(a-b)\,(a-c)\,(b-c)}-\frac{a^2-c^2}{(a-b)\,(a-c)\,(b-c)}=$$

$$\frac{a^2-b^2+b^2-c^2-a^2+c^2}{(a-b)\,(a-c)\,(b-c)}=\frac{0}{(a-b)\,(a-c)\,(b-c)}=0.$$

62. Calculer

$$\frac{\dfrac{x}{x-a}+\dfrac{a}{x+a}}{\dfrac{x}{x-a}-\dfrac{a}{x+a}}$$

$$\frac{\dfrac{x+a}{a}}{\dfrac{a}{x-a}-\dfrac{a}{x+a}}=\frac{\dfrac{x(x+a)+a(x-a)}{(x-a)(x+a)}}{\dfrac{x(x+a)-a(x-a)}{(x-a)(x+a)}}=\frac{x^2+ax+ax-a^2}{x^2+ax-ax+a^2}=$$

$$\frac{x^2+2ax-a^2}{x^2+a^2}.$$

3. Effectuer $\dfrac{a^2-2ab+b^2}{a^2+2ab+b^2}\times\dfrac{a^2+3ab+2b^2}{a^2-3ab+2b^2}\times\dfrac{a^2+4b^2}{a^2-b^2}$

$$\frac{a^2-2ab+b^2}{a^2+2ab+b^2}\times\frac{a^2+3ab+2b^2}{a^2-3ab+2b^2}\times\frac{a^2+4b^2}{a^2-b^2}=\frac{(a-b)^2}{(a+b)^2}\times$$

$$\frac{a^2+ab+2ab+2b^2}{a^2-ab-2ab+2b^2}\times\frac{a^2+4b^2}{(a+b)(a-b)}=\frac{(a-b)^2}{(a+b)^2}\times$$

$$\frac{a(a+b)+2b(a+b)}{a(a-b)-2b(a-b)}\times\frac{a^2+4b^2}{(a+b)(a-b)}=\frac{(a-b^2)}{(a+b)^2}\times\frac{(a+2b)(a+b)}{(a-2b)(a-b)}\times$$

$$\frac{a^2+4b^2}{(a+b)(a-b)}=\frac{(a-b)^2(a+2b)(a+b)(a^2+4b^2)}{(a+b)^2(a-2b)(a-b)(a+b)(a-b)}=$$

$$\frac{(a+2b)(a^2+4b^2)}{(a+b)^2(a-2b)}.$$

Remarque. — En modifiant l'énoncé de la manière suivante :

$$\frac{a^2-2ab+b^2}{a^2+2ab+b^2}\times\frac{a^2+3ab+2b^2}{a^2-3ab+2b^2}\times\frac{a^2-4b^2}{a^2-b^2}$$

et faisant les calculs de la même manière, on trouverait :

$$\left(\frac{a+2b}{a+b}\right)^2.$$

Calculer

$$\frac{1+\dfrac{a-b}{a+b}}{1-\dfrac{a-b}{a+b}}$$

$$\frac{1+\dfrac{a-b}{a+b}}{1-\dfrac{a-b}{a+b}}=\frac{\dfrac{a+b+a-b}{a+b}}{\dfrac{a+b-a+b}{a+b}}=\frac{2a}{2b}=\frac{a}{b}.$$

Sachant que $\dfrac{a}{b}<\dfrac{c}{d}<\dfrac{e}{f}$ démontrer que

$$\frac{a}{b}<\frac{a+c+e}{b+d+f}<\frac{e}{f}$$

a, b, c, d, e, f sont des nombres essentiellement positifs.

De :
$$\frac{a}{b} < \frac{c}{d} < \frac{e}{f}$$

on tire :
$$ad < bc$$
$$af < be$$
$$ab = ab$$

en ajoutant membre à membre :
$$a(b + d + f) < b(b + c + e)$$

ou :
$$\frac{a}{b} < \frac{b + c + e}{b + d + f}$$

De même :
$$cf < ed$$
$$af < eb$$
$$ef = ef$$

En ajoutant membre à membre :
$$f(a + c + e) < e(b + d + f)$$
$$\frac{a + c + e}{b + d + f} < \frac{e}{f}$$

C. Q. F. D.

66. Résoudre
$$\frac{x}{2} + \frac{x}{3} - \frac{x}{4} = 1 - x$$

R. En réduisant au même dénominateur :
$$\frac{12x}{24} + \frac{8x}{24} - \frac{6x}{24} = \frac{24 - 24x}{24}$$
$$12x + 8x - 6x = 24 - 24x$$
$$38x = 24$$
$$x = \frac{24}{38} = \frac{12}{19}$$

67. Résoudre
$$\frac{x - 1}{2} + \frac{x - 2}{3} = \frac{x - 3}{4}$$

R. En réduisant au même dénominateur 12 :
$$\frac{6x - 6}{12} + \frac{4x - 8}{12} = \frac{3x - 9}{12}$$
$$6x - 6 + 4x - 8 = 3x - 9$$
$$6x + 4x - 3x = 6 + 8 - 9$$
$$7x = 5 \qquad x = \frac{5}{7}$$

68. Résoudre
$$\frac{2x-1}{3} + \frac{2x+1}{4} = 2$$

En réduisant au même dénominateur 12 :
$$\frac{8x-4}{12} + \frac{6x+3}{12} = \frac{24}{12}$$
$$8x-4+6x+3 = 24$$
$$14x = 24+4-3 = 25 \qquad x = \frac{25}{14}.$$

69. Résoudre
$$\frac{x-1}{x+1} = \frac{3}{4}$$

R. $x+1$ ne peut pas être nul; l'expression n'aurait pas de sens. En réduisant au même dénominateur :
$$\frac{4x-4}{4(x+1)} = \frac{3x+3}{4(x+1)} \qquad \begin{aligned} 4x-4 &= 3x+3 \\ 4x-3x &= 4+3 \\ x &= 7. \end{aligned}$$

70. Résoudre
$$\frac{3x+5}{4x-1} = \frac{2}{3}$$

R. $4x-1$ ne peut pas être nul; l'expression n'aurait pas de sens. En réduisant au même dénominateur.
$$\frac{9x+15}{3(4x-1)} = \frac{8x-2}{3(4x-1)} \qquad \begin{aligned} 9x+15 &= 8x-2 \\ x &= -17. \end{aligned}$$

71. Résoudre
$$\frac{1-x}{1+x} = \frac{1+x}{1-x}$$

$$(1-x)^2 = (1+x)^2 \qquad -2x = +2x$$
$$4x = 0 \qquad x = 0.$$

72. Résoudre
$$\frac{x-1}{x-2} = \frac{x-3}{x-4}$$

R. $(x-1)(x-4) = (x-2)(x-3)$
$$x^2-x-4x+4 = x^2-2x-3x+6$$
$$4 = 6 \qquad \text{impossible.}$$

L'équation n'admet pas de solution. Aucun nombre x ne vérifie l'équation.

73. Résoudre
$$\frac{4x+7}{2x-5} = \frac{18x+1}{9x-2}$$

R.
$$(4x+7)(9x-2) = (2x-5)(18x+1)$$
$$36x^2 - 8x + 63x - 14 = 36x^2 + 2x - 90x - 5$$
$$143x = 9 \qquad x = \frac{9}{143}.$$

74. Résoudre
$$\frac{x-a}{a} + \frac{x-b}{b} = \frac{a}{b}$$

R.
$$\frac{b(x-a)}{ab} + \frac{a(x-b)}{ab} = \frac{a^2}{ab}$$
$$bx - ab + ax - ab = a^2$$
$$x(a+b) = a^2 + 2ab \qquad x = \frac{a^2 + 2ab}{a+b} = \frac{a(a+2b)}{a+b}$$

75. Résoudre
$$\frac{x-a}{x-b} = \frac{x-c}{x-d}$$

R.
$$(x-a)(x-d) = (x-b)(x-c)$$
$$x^2 - ax - dx + ad = x^2 - bx - cx + bc$$
$$x(b+c-a-d) = bc - ad$$
$$x = \frac{bc-ad}{b+c-(a+d)}.$$

76. Résoudre
$$\frac{a+b}{x-c} = \frac{a}{x-a} + \frac{b}{x-b}$$

R. $x-a$, $x-b$, $x-c$ ne peuvent pas être nuls, car $x=a$, $x=b$, $x=c$ ne sont pas solutions; il n'y a qu'à le constater. Cela posé, on réduit tous les termes au même dénominateur et on chasse le dénominateur commun; il vient :
$$(a+b)(x-a)(x-b) = a(x-c)(x-b) + b(x-c)(x-a)$$
$$(a+b)[x^2 - (a+b)x + ab] = a[x^2 - (b+c)x + bc] +$$
$$b[x^2 - (a+c)x + ac]$$
$$(a+b)x^2 - (a+b)^2 x + (a+b)ab = ax^2 - a(b+c)x + abc +$$
$$bx^2 - b(a+c)x + abc.$$

Les termes en x^2 disparaissent; en faisant passer tous les termes qui contiennent x dans le membre de gauche, tous les termes qui ne

$$x[(a + b)^2 - a(b + c) - b(a + c)] = (a + b)\,ab - 2abc$$

$$x(a^2 + 2ab + b^2 - ab - ac - ab - bc) = ab(a + b - 2c)$$

$$x(a^2 + b^2 - ac - bc) = ab(a + b - 2c)$$

$$x = \frac{ab(a + b - 2c)}{a^2 + b^2 - c(a + b)}$$

Résoudre $\dfrac{x - 2a - b}{x - a} = \dfrac{x + 2b + a}{x + b}$

Mêmes calculs; les termes en x^2 disparaissent : $x = \dfrac{a - b}{2}$.

Résoudre $\dfrac{1 + \dfrac{1}{x}}{1 - \dfrac{1}{x}} = \dfrac{x - a}{x - b}$

L'équation peut s'écrire : $\dfrac{x + 1}{x - 1} = \dfrac{x - a}{x - b}$ Mêmes calculs.

$$x = \frac{a + b}{2 + a - b}.$$

Résoudre $\dfrac{6 - \dfrac{1}{x}}{7 + \dfrac{1}{x}} = \dfrac{5}{11}$

L'équation peut s'écrire : $\dfrac{6x - 1}{7x + 1} = \dfrac{5}{11}$ $x = \dfrac{16}{31}$.

Résoudre $1 + 2x^2 = (3x + 5)(x + 4) - (x - 3)(x - 4)$.

Mêmes calculs que précédemment; les termes en x^2 disparaissent.

Résoudre $\begin{cases} 2x + 3y = 14 \\ 3x + 2y = 11 \end{cases}$

$2x + 3y = 14$ (1)
$3x + 2y = 11$ (2)

Solution. — Corrigé.

... (dans la deuxième équation), je multiplie les deux membres de la deuxième équation par le coefficient de x dans la première équation :

$$5x + 9y = 42 \quad (3)$$
$$5x + 4y = 22 \quad (4)$$

Je retranche membre à membre l'équation (4) de l'équation (3) :

$$5y = 20 \qquad y = 4$$

Je multiplie les deux membres de la première équation par le coefficient de y dans la deuxième équation ; je multiplie les deux membres de la deuxième équation par le coefficient de y dans la première équation :

$$4x + 6y = 28 \quad (5)$$
$$9x + 6y = 33 \quad (6)$$

Je retranche membre à membre l'équation (5) de l'équation (6) :

$$5x = 5 \qquad x = 1$$

Donc : $\qquad x = 1 ; \qquad y = 4 \qquad$ (Vérifier.)

82. Résoudre $\qquad \begin{cases} 7x - 2y = 29 \\ 2x + 3y = 19 \end{cases}$

R. Mêmes calculs. Il est à remarquer que le coefficient de x dans la première équation est -2.

$$x = 5 ; \qquad y = 3$$

83. Résoudre $\qquad \begin{cases} x^2 - y^2 = 45 \\ x + y = 9 \end{cases}$

R. Le système peut s'écrire : $\begin{cases} (x+y)(x-y) = 45 & (1) \\ x + y = 9 & (2) \end{cases}$

Je remplace $x + y$ par 9 dans l'équation (1) :

$$9(x-y) = 45 \qquad x - y = 5$$
$$x = 7 ; \qquad y = 2.$$

84. Résoudre $\qquad \begin{cases} 5x + 2y = 18 \\ 15x + 6y = 20 \end{cases}$

R. Je multiplie les deux membres de la première équation par 3, le système devient :

$$\begin{cases} 15x + 6y = 48 \\ 15x + 6y = 20 \end{cases}$$

... valeur de x, il n'y a pas de valeur de y qui lui correspond.

Résoudre
$$\begin{cases} 7x + 4y = 22 \\ 14x + 8y = 44 \end{cases}$$

Multiplie les deux membres de la première équation par 2 et elle devient :
$$\begin{cases} 14x + 8y = 44 \\ 14x + 8y = 44 \end{cases}$$

Il n'y a qu'une équation.

Le système est indéterminé ; on peut *choisir arbitrairement* la valeur de y, par exemple, et on calcule la valeur correspondante de x.

Résoudre
$$\begin{cases} \dfrac{x}{2} + \dfrac{y}{3} = 9 \\ x - \dfrac{y}{9} = 4 \end{cases}$$

On calcule : $x = 6$; $y = 18$.

Résoudre
$$\begin{cases} \dfrac{1}{x} + \dfrac{1}{y} = \dfrac{2}{3} \\ \dfrac{1}{x} - \dfrac{1}{y} = \dfrac{1}{5} \end{cases} \qquad \text{On prend pour inconnues } \dfrac{1}{x} \text{ et } \dfrac{1}{y}$$

Je pose : $\dfrac{1}{x} = X$; je pose : $\dfrac{1}{y} = Y$

et devient : $X + Y = \dfrac{2}{3}$; $X - Y = \dfrac{1}{5}$

$$2X = \dfrac{2}{3} + \dfrac{1}{5} = \dfrac{13}{15} \qquad X = \dfrac{13}{30} \qquad x = \dfrac{1}{X} = \dfrac{30}{13}$$

$$2Y = \dfrac{2}{3} - \dfrac{1}{5} = \dfrac{7}{16} \qquad Y = \dfrac{7}{30} \qquad y = \dfrac{1}{Y} = \dfrac{30}{7}$$

Résoudre
$$\begin{cases} \dfrac{a}{x} + \dfrac{b}{y} = c \\ \dfrac{a'}{x} + \dfrac{b'}{y} = c \end{cases} \qquad \text{Même procédé.}$$

R. Même procédé. Le système devient :

$$\begin{cases} a\,X + b\,Y = c \\ a'X + b'Y = c' \end{cases} \qquad \text{On calcule } X \text{ et } Y ;$$
$$\text{d'où } x \text{ et } y.$$

$$x = \frac{db' - ba'}{cb' - bc'} \qquad\qquad y = \frac{ab' - ba'}{ac' - ca'}$$

89. Résoudre
$$\begin{cases} \dfrac{a}{bx} + \dfrac{b}{ay} = 1 \\[2mm] \dfrac{b}{ax} + \dfrac{a}{by} = 1 \end{cases}$$

R. Les équations peuvent s'écrire :
$$\begin{cases} \dfrac{a^2}{abx} + \dfrac{b^2}{aby} = 1 \\[2mm] \dfrac{b^2}{abx} + \dfrac{a^2}{aby} = 1 \end{cases}$$

ou :
$$\begin{cases} \dfrac{a^2}{x} + \dfrac{b^2}{y} = ab \\[2mm] \dfrac{b^2}{x} + \dfrac{a^2}{y} = ab \end{cases} \qquad \text{on pose : } \frac{1}{x} = X, \quad \frac{1}{y} = Y$$

et le système devient :
$$\begin{cases} a^2 X + b^2 Y = ab \\ b^2 X + a^2 Y = ab \end{cases}$$

$$X = Y = \frac{ab}{a^2 + b^2} \qquad\qquad x = y = \frac{a^2 + b^2}{ab}$$

90. Déterminer les valeurs de p et de q pour que le sy‌stème
$$\begin{cases} 2x + py = 5 \\ 2x + 7y = q \end{cases} \qquad \text{soit indéterminé.}$$

R. Pour que le système $\begin{cases} a\,x + by = c \\ a'x + b'y = c' \end{cases}$

soit indéterminé, il faut que : $\dfrac{a}{a'} = \dfrac{b}{b'} = \dfrac{c}{c'}.$

Donc ici il faut que : $\dfrac{2}{2} = \dfrac{p}{7} = \dfrac{5}{q}$ $\qquad\qquad \begin{array}{l} p = 7 \\ q = 5 \end{array}$

91. Résoudre
$$\begin{cases} \dfrac{x}{3} = \dfrac{y}{4} = \dfrac{z}{5} \\[2mm] 6x + 7y + 8z = 100 \end{cases}$$

R. $\begin{cases} \dfrac{x}{3} = \dfrac{y}{4} = \dfrac{z}{5} & \qquad (1),\ (2) \\[2mm] 6x + 7y + 8z = 100 & \qquad (3) \end{cases}$

$$\frac{x}{3} = \frac{y}{4} = \frac{z}{5} = m$$

On déduit : $x = 3m,$ $\qquad y = 4m,$ $\qquad z = 5m$

Remplaçons dans l'équation (3) :

$$18m + 28m + 40m = 100$$

$$36m = 100 \qquad m = \frac{50}{43}$$

$$x = \frac{150}{43}; \qquad y = \frac{200}{43}; \qquad z = \frac{250}{43}.$$

Résoudre $\qquad \begin{cases} 2x + 3y + 4z = 29 \\ x + 2y + 3z = 20 \\ 3x + y + 2z = 17 \end{cases}$

De la deuxième équation, je tire : $x = 20 - 2y - 3z.$

Je remplace x par cette valeur dans les deux autres équations :

$$2\,(20 - 2y - 3z) + 3y + 4z = 29$$

$$3\,(20 - 2y - 3z) + y + 2z = 17$$

Effectuant les calculs, on trouve :

$$y + 2z = 11$$

$$5y + 7z = 43$$

$\qquad z = 4;\qquad y = 3,\qquad$ et, en remplaçant dans la valeur de x,

$$x = 2; \qquad y = 3; \qquad z = 4.$$

Résoudre $\qquad \begin{cases} x + y = 3 \\ y + z = 5 \\ z + x = 4 \end{cases}$

$x + y = 3 \qquad (1)$

$y + z = 5 \qquad (2)$

$z + x = 4 \qquad (3)$

Ajoutons membre à membre ces trois équations :

$$2x + 2y + 2z = 12$$

$$x + y + z = 6 \qquad\qquad (4)$$

Retranchant membre à membre (1) de (4) : $\qquad z = 3$

Retranchant membre à membre (2) de (4) : $\qquad x = 1$

Retranchant membre à membre (3) de (4) : $\qquad y = 2.$

94. Résoudre
$$\begin{cases} x + y - z = 1 \\ x - y + z = 5 \\ - x + y + z = 9 \end{cases}$$

R.
$$\begin{aligned} x + y - z &= 1 && (1) \\ x - y + z &= 5 && (2) \\ - x + y + z &= 9 && (3) \end{aligned}$$

Ajoutons membre à membre (1) et (2) : $\qquad 2x = 6$; $\quad x = 3$
Ajoutons membre à membre (2) et (3) : $\qquad 2z = 14$; $\quad z = 7$
Ajoutons membre à membre (3) et (1) : $\qquad 2y = 10$; $\quad y = 5$

95. Résoudre
$$\begin{cases} x + y + z = 1 \\ x + 2y + 3z = d \\ x + 4y + 9z = d^2 \end{cases}$$

R.
$$\begin{cases} x + y + z = 1 && (1) \\ x + 2y + 3z = d && (2) \\ x + 4y + 9z = d^2 && (3) \end{cases}$$

Retranchons membre à membre l'équation (1) de l'équation (2) :
$$y + 2z = d - 1 \qquad (4)$$

Retranchons membre à membre l'équation (2) de l'équation (3) :
$$2y + 6z = d^2 - d \qquad (5)$$

On a à résoudre : $\begin{cases} y + 2z = d - 1 \\ 2y + 6z = d^2 - d. \end{cases}$

De ces deux équations, on tire : $\qquad y = - d^2 + 4d - 3$
$$z = \frac{d^2 - 3d + 2}{2}$$

On remplace y et z par leurs valeurs dans l'équation (1) et on a :
$$x = \frac{d^2 - 5d + 6}{2}$$

96. Résoudre
$$\begin{cases} a^3 + a^2 x + ay + z = 0 \\ b^3 + b^2 x + by + z = 0 \\ c^3 + c^2 x + cy + z = 0 \end{cases}$$

R. Retranchons membre à membre la deuxième équation de la première :
$$a^3 - b^3 + (a^2 - b^2) x + (a - b) y = 0$$

ou, en divisant par $a - b \neq 0$
$$a^2 + ab + b^2 + (a + b) x + y = 0 \qquad (1)$$

... à membre la troisième équation ...

$$b^3 - c^3 + (b^2 - c^2)\, x + (b - c)\, y = 0$$

Divisant par $b - c \neq 0$

$$b^2 + bc + c^2 + (b + c)\, x + y = 0 \qquad (2)$$

Retranchons membre à membre l'équation (2) de l'équation (1) :

$$a^2 + ab + b^2 - b^2 - bc - c^2 + x\,(a + b - b - c) = 0$$
$$a^2 - c^2 + b\,(a - c) + x\,(a - c) = 0.$$
$$(a + c)\,(a - c) + b\,(a - c) + x\,(a - c) = 0$$

Divisant par $a - c \neq 0$

$$a + b + c + x = 0 \qquad \text{d'où } x = -(a + b + c)$$

Remplaçons x par sa valeur dans l'équation (1) :

$$y = ab + bc + ca$$

Remplaçons x et y par leurs valeurs dans la première équation :

$$z = -abc$$

$$x = -(a + b + c) \qquad y = ab + bc + ca \qquad z = -abc.$$

Résoudre
$$\begin{cases} x + y + z = 6 \\ y + z + t = 9 \\ z + t + x = 8 \\ t + x + y = 7 \end{cases}$$

$$
\begin{aligned}
x + y + z &= 6 &\qquad (1)\\
y + z + t &= 9 &\qquad (2)\\
z + t + x &= 8 &\qquad (3)\\
t + x + y &= 7 &\qquad (4)
\end{aligned}
$$

Ajoutons membre à membre ces quatre équations :

$$3x + 3y + 3z + 3t = 30$$
$$x + y + z + t = 10 \qquad (5)$$

Retranchons membre à membre (1) de (5) : $\quad t = 4.$
Retranchons membre à membre (2) de (5) : $\quad x = 1.$
Retranchons membre à membre (3) de (5) : $\quad y = 2.$
Retranchons membre à membre (4) de (5) : $\quad z = 3.$

Résolvons l'inégalité $\dfrac{x + 1}{x - 2} - 4 > \dfrac{5}{x - 2}$

En réduisant au même dénominateur et en faisant passer à gauche :

$$\frac{x+1-4x+8-5}{x-2} > 0$$

$$\frac{-3x+4}{x-2} > 0$$

Il faut que les deux termes soient de même signe,

ou bien : $-3x+4>0$ avec $x-2>0$

ou bien : $-3x+4<0$ avec $x-2<0$

Dans le premier cas, on doit avoir en même temps :

$$3x<4 \qquad \text{on : } x<\frac{4}{3} \qquad \text{et : } x>2, \text{ ce qui est impossible.}$$

Dans le deuxième cas, on doit avoir en même temps :

$$x>\frac{4}{3} \qquad \text{et : } x<2, \text{ ce qui est possible.}$$

Donc, x doit être compris entre $\frac{4}{3}$ et 2.

$$\frac{4}{3}<x<2$$

59. Résoudre l'inégalité $\dfrac{4x-1}{x+3}-\dfrac{1}{2}<\dfrac{2x+1}{x+3}$

R. En réduisant au même dénominateur et en faisant passer tout à gauche :

$$\frac{2(4x-1)-(x+3)-2(2x+1)}{2(x+3)} < 0$$

$$\frac{8x-2-x-3-4x-2}{2(x+3)} < 0$$

$$\frac{3x-7}{2(x+3)} < 0$$

Il faut que les deux termes soient de signes contraires,

ou bien : $3x-7>0$ avec $x+3<0$

ou bien : $3x-7<0$ avec $x+3>0$

Dans le premier cas, on doit avoir en même temps :

$$x>\frac{7}{3}\dots \text{ et : } x<-3\dots \text{ impossible.}$$

Dans la première, on doit avoir en même temps :

$$x < \frac{7}{3} \dots \text{ et : } x > -3, \text{ ce qui est possible,}$$

$$-3 < x < \frac{7}{3}.$$

100. Trouver une fraction, sachant que la somme des deux termes est 34 et que, si au numérateur on ajoute 1 et du dénominateur on retranche 1, la nouvelle fraction est équivalente à $\frac{8}{9}$.

Soit $\frac{x}{y}$ la fraction cherchée; en transcrivant l'énoncé :

$$\begin{cases} x + y = 34 & (1) \\ \dfrac{x+1}{y-1} = \dfrac{8}{9} & (2) \end{cases}$$

$$\begin{cases} x + y = 34 \\ 9x - 8y = -17 \end{cases}$$

On a à résoudre un système de deux équations à deux inconnues du premier degré :

$$x = 15; \qquad y = 19$$

La fraction est :

$$\frac{15}{19}.$$

101. Trouver une fraction, sachant que le dénominateur dépasse de deux unités le triple du numérateur et que, si on ajoute 3 aux deux termes, la nouvelle fraction est équivalente à $\frac{2}{5}$.

Soit $\frac{x}{y}$ la fraction cherchée.

$$y = 3x + 2$$

Donc la fraction est :

$$\frac{x}{3x+2}$$

Puis :

$$\frac{x+3}{3x+2+3} = \frac{2}{5} \qquad \frac{x+3}{3x+5} = \frac{2}{5} \qquad \begin{matrix} x = 5 \\ y = 17 \end{matrix}$$

La fraction est :

$$\frac{5}{17}.$$

...lateur et du dénominateur est 13 et que, si on ajoute 2 à chaque terme, la nouvelle fraction est équivalente à $\frac{5}{12}$.

R. Soit $\frac{x}{y}$ la fraction cherchée.

$$\begin{cases} x + y = 13 \\ \dfrac{x+2}{y+2} = \dfrac{5}{12} \end{cases} \qquad x = 3 \qquad y = 10$$

$$\text{La fraction est } \frac{3}{10}.$$

103. Trouver un nombre de deux chiffres, sachant que la somme des chiffres est égale à 10 et que, si on retranche ce nombre de son retourné, le reste est égal à 36.

R. Soit x le chiffre des dizaines et y le nombre des unités; le nombre est donc :

$$10x + y \qquad\qquad x + y = 10 \qquad (1)$$

Le nombre retourné est : $10y + x$

donc :

$$10y + x - 10x - y = 36$$
$$9y - 9x = 36$$
$$y - x = 4 \qquad (2)$$
$$y = 7 \qquad x = 3$$

Le nombre est donc : 37.

104. Étant donné un nombre quelconque, on écrit avec les mêmes chiffres dans un ordre quelconque un autre nombre et on retranche le plus petit du plus grand. Démontrer que la différence est toujours divisible par 9.

R. Soit N un nombre quelconque composé des chiffres a, b, c, d :

$$N = 9 \times m + a + b + c + d$$

Soit N' un autre nombre composé des mêmes chiffres dans un autre ordre, la somme ne change pas :

$$N' = 9 \times m' + a + b + c + d$$
$$N - N' = 9\,(m - m')$$

Donc, un multiple de 9.

105. Trouver un nombre de 3 chiffres, sachant que ces chiffres sont consécutifs et que le chiffre des centaines est double du chiffre des unités.

chiffres sont consécutifs et que le chiffre des
... est double du chiffre des unités; c'est le chiffre des centaines
qui est le plus grand; soit x le chiffre des centaines, le chiffre des
... sera : $x-2$.

$$x = 2(x-2) \qquad x=4; \quad x-1=3; \quad x-2=2$$

Le nombre est donc : 432.

Trouver un nombre de 3 chiffres, sachant que le chiffre des
centaines est double du chiffre des dizaines, que le chiffre des
dizaines est double du chiffre des unités et que si, de ce
nombre, on retranche le nombre retourné, le reste est 594.

Soient x le chiffre des centaines; y le chiffre des dizaines; z le
chiffre des unités.

$$\text{Le nombre est :} \qquad 100x + 10y + z$$
$$x = 2y$$
$$y = 2z$$

$$\text{Le nombre retourné est :} \quad 100z + 10y + x$$
$$100x + 10y + z - 100z - 10y - x = 594$$
$$99x - 99z = 594$$
$$x - z = 6$$

$$x = 2y \quad \text{et} \quad y = 2z$$

$$x = 4z \qquad 4z - z = 6 \qquad z = 2; \qquad y = 4; \qquad x = 8.$$

Le nombre cherché est donc : 842.

Payer 74 francs avec 22 pièces, les unes de 2 francs, les
autres de 5 francs.

Soit x le nombre des pièces de 2 francs;
y le nombre des pièces de 5 francs.

$$\begin{cases} x + y = 22 \\ 2x + 5y = 74 \end{cases} \qquad x = 12 \\ y = 10.$$

Une marchande d'oranges vend à une première personne
moitié de ce qu'elle a d'oranges, plus la moitié d'une orange;
à une deuxième personne, elle vend la moitié de ce qui lui
reste, plus la moitié d'une orange; à une troisième personne,
la moitié de ce qui lui reste, plus la moitié d'une orange, et
ainsi de suite jusqu'à une septième vente. Après cette septième

vente, il ne lui reste plus rien. On demande combien la marchande avait d'oranges.

R. Soit x le nombre d'oranges

A la première personne, elle vend $\dfrac{x}{2} + \dfrac{1}{2}$; donc il lui reste

$$x - \dfrac{x}{2} - \dfrac{1}{2} \quad \text{ou} : \dfrac{x-1}{2};$$

A la deuxième personne, elle vend $\dfrac{x-1}{4} + \dfrac{1}{2}$; donc, il lui reste

$$\dfrac{x-1}{2} - \dfrac{x-1}{4} - \dfrac{1}{2} \quad \text{ou} : \dfrac{x-3}{4};$$

A la troisième personne, elle vend $\dfrac{x-3}{8} + \dfrac{1}{2}$; donc, il lui reste

$$\dfrac{x-3}{4} - \dfrac{x-3}{8} - \dfrac{1}{2} \quad \text{ou} : \dfrac{x-7}{8}; \text{ etc}$$

On remarque que :

Après la première vente, il lui reste : $\dfrac{x-1}{2}$;

Après la deuxième vente, il lui reste : $\dfrac{x-3}{4}$;

Après la troisième vente, il lui reste : $\dfrac{x-7}{8}$; etc.

En désignant par n le nombre des ventes, après la n^e vente, il reste un nombre dont le dénominateur est la puissance n de 2 ou, et dont le numérateur est $x - (2^n - 1)$.

Donc, après la 7e vente, il lui reste : $\dfrac{x + 1 - 2^7}{2^7}$

ou : $\dfrac{x + 1 - 128}{2^7}$ ou : $\dfrac{x - 127}{2^7}$; mais après la 7e vente, il ne lui reste rien; donc : $x - 127 = 0$.

$$x = 127 \text{ oranges.}$$

Ce procédé permet de calculer tout de suite le résultat au bout d'un nombre quelconque de ventes, sans refaire les calculs.

On voit, en faisant la vérification, que la marchande n'est pas obligée de couper les oranges.

109. Un domestique gagne par an 600 francs et sa livrée. Il quitte sa place à la fin du septième mois; il reçoit 300 francs et garde sa livrée. Combien vaut la livrée ?

R. Soit x le prix de la livrée; il gagne donc par an : $600 + x$, dont

en sept [...] $\dfrac{(600 + x) \times 7}{12}$; il reçoit 300 francs et garde sa [...]

$$\frac{(600 + x) \times 7}{12} = 300 + x \qquad\qquad \text{D'où : } x = 120 \text{ francs.}$$

110. En deux points distants de 500 kilomètres, on vend la houille 3 fr. 65 et 5 francs les 100 kilogrammes. On demande le point de l'intervalle situé entre les deux où le charbon reviendrait au même prix, sachant que le transport sur le chemin qui relie les deux endroits coûte 1 franc par 100 kilogrammes et par 100 kilomètres.

Soit A le point où l'on vend le moins cher; soit B le point où on vend le plus cher; soit M le point où le prix de revient sera le même après le transport (faire une figure).
Désignons AM par x; désignons MB par y

$$x + y = 500 \qquad (1)$$

D'après l'énoncé même, au point M, le prix des 100 kilogrammes achetés en A sera :

$$3,65 + \frac{x}{100}$$

Au point M, le prix des 100 kilogrammes achetés en B sera :

$$5 + \frac{y}{100}$$

Puisque le prix sera le même en M, quelle que soit la provenance :

$$3,65 + \frac{x}{100} = 5 + \frac{y}{100}$$

$$365 + x = 500 + y \qquad (2)$$

On a à résoudre le système : $\begin{cases} x + y = 500 \\ x - y = 135 \end{cases}$ $\qquad \begin{aligned} x &= 317^{k},5 \\ y &= 182^{k},5 \end{aligned}$

111. Un réservoir plein d'eau peut se vider au moyen de deux robinets de grandeurs inégales. On ouvre le premier et on laisse couler le quart de l'eau; on ouvre ensuite le second et on laisse couler tous deux ensemble; le réservoir achève ainsi de se vider dans un temps qui surpasse de $\dfrac{5}{4}$ d'heure celui qu'il a mis au premier robinet seul pour vider le quart de l'eau. Si l'on eût ouvert les deux robinets ensemble depuis le

... le réservoir aurait été vidé un q...
plus tôt. Combien de temps faudrait-il : 1° au premier r...
seul; 2° au deuxième robinet seul; 3° aux deux robinets coulant
ensemble, pour vider la totalité du bassin?

R. Soit x le nombre d'heures nécessaire au premier robinet ...
vider le bassin; soit y le nombre d'heures nécessaire au second ro...
net.

Le temps nécessaire au premier robinet pour vider le $\frac{1}{4}$ du ...
est : $\frac{x}{4}$; il reste à vider les $\frac{3}{4}$. Si on laisse ouverts les deux rob...
pendant 1 heure, à eux deux ils vident $\frac{1}{x} + \frac{1}{y}$ ou $\frac{x+y}{xy}$ ...
temps nécessaire pour vider le bassin est $\frac{3}{4} \cdot \frac{xy}{x+y}$; on a donc ...
l'énoncé :

$$\frac{3xy}{4(x+y)} = \frac{x}{4} + \frac{5}{4} \qquad (1) \qquad \frac{xy}{x+y} = \frac{3xy}{4(x+y)} + \frac{x}{4} - \frac{1}{4} \qquad (2)$$

En faisant les calculs indiqués,

(1) devient : $\qquad 3xy = (x+5)(x+y) \qquad (3)$

et (2) devient : $\qquad 2xy = (x+2)(x+y) \qquad (4)$

En divisant membre à membre (3) par (4) :

$$\frac{3}{2} = \frac{x+5}{x+2} \qquad\qquad \text{d'où :} \quad x = 4; \qquad\qquad y = 12$$

Pour les deux robinets coulant ensemble, le bassin serait vidé...

$$\frac{xy}{x+y} = 3 \text{ heures.}$$

112. Un lévrier poursuit un lièvre qui a 52 sauts d'avance. Le
lièvre fait 5 sauts pendant que le lévrier n'en fait que 3; ...
3 sauts du lévrier valent 7 sauts du lièvre. Combien le lévrier
fera-t-il de sauts pour attraper le lièvre?

R. Soit x le nombre des sauts du lévrier;
Soit X la longueur du saut du lévrier;
Soit y le nombre des sauts du lièvre;
Soit Y la longueur du saut du lièvre;
Puisque 3 sauts du lévrier valent 7 sauts du lièvre,

$$3X = 7Y \qquad (1)$$

Quand le lévrier fait 3 sauts, le lièvre en fait 5; donc, quand le...

... lièvre en fait $\dfrac{5}{3}$, et quand il en fait x, le lièvre en

$$y = \frac{5x}{3} \qquad\qquad \text{ou} : 5x = 3y \qquad (2)$$

L'espace parcouru par le lévrier est égal à l'espace parcouru par le ..., *plus* la distance qui les sépare :

$$x \times X = 52\,Y + y \times Y$$

$$x \times X = (52 + y)\,Y \qquad (3)$$

Divisons membre à membre (1) par (3) :

$$\text{...} \qquad\qquad \text{ou} : 7x = 3(52 + y) \qquad (4)$$

Divisons membre à membre (2) par (4) :

$$\text{...} \qquad\qquad y = 130$$
$$x = 78 \text{ sauts.}$$

Un père partage son bien de la manière suivante : l'aîné des enfants aura 20 000 francs, plus la cinquième partie du reste ; le deuxième aura 40 000 francs, plus la cinquième partie du reste ; le troisième aura 60 000 francs, plus la cinquième partie du reste ; et ainsi de suite. Le partage étant fait dans ces conditions, il arrive que l'héritage est entièrement distribué et toutes les parts sont égales. On demande la valeur de l'héritage et le nombre des héritiers.

Montant de l'héritage.

L'aîné :

$$20\,000 + \frac{x - 20\,000}{5}$$

Le second enfant a touché 40 000,

$$x - 20\,000 - \frac{x - 20\,000}{5} = 40\,000$$

$$x - 60\,000 \qquad \frac{x - 20\,000}{5}$$

Le ... a touché :

$$40\,000 + \frac{x - 60\,000 - \dfrac{x - 20\,000}{5}}{5}$$

Puisque les parts sont égales :

$$20\,000 + \frac{x - 20\,000}{5} = 40\,000 + \frac{x - 80\,000 - \dfrac{x - 20\,000}{5}}{5}$$

ou :

$$\frac{x - 20\,000}{5} = 20\,000 + \frac{x - 80\,000 - \dfrac{x - 20\,000}{5}}{5}$$

ou :

$$x - 20\,000 = 100\,000 + x - 80\,000 - \frac{x - 20\,000}{5}$$

$$\frac{x - 20\,000}{5} = 60\,000 \qquad x = 320\,000 \text{ francs.}$$

Or, le premier touche : $20\,000 + \dfrac{x - 20\,000}{5}$ ou : 80 000 francs.

Les parts sont égales ; donc, il y a 4 héritiers.
Il est facile de faire la vérification.

114. Diophante comptait que $\frac{1}{6}$ de sa vie appartenait à son
enfance ; $\frac{1}{12}$ à son adolescence. Ensuite, après $\frac{1}{7}$ de sa vie et
cinq ans de mariage, il avait eu un fils qui n'atteignit que la moitié
de l'âge de son père et celui-ci lui survécut de quatre ans.
A quel âge Diophante est-il mort ?

R. Soit x l'âge du père. D'après l'énoncé même :

$$\frac{x}{6} + \frac{x}{12} + \frac{x}{7} + 5 + \frac{x}{2} + 4 = x$$

$$x = 84 \text{ ans.}$$

115. Dans une école, si on met 9 élèves par banc, 3 élèves n'auront
pas de place ; si on met 10 élèves par banc, il restera 5 places
vides au dernier banc. Combien y a-t-il d'élèves et de bancs ?

R. Soit x le nombre des bancs.

$$9x + 3 = 10x - 5 \qquad x = 8$$

Il y a 8 bancs, et comme le nombre des élèves est $9x + 3$, il y a
75 élèves.

116. Un marchand de grains a acheté une certaine quantité de
blé ; il en a revendu le $\frac{1}{3}$ à 7 0/0 de bénéfice, la moitié à 14 0/0

... reste à $3\frac{1}{2}$ 0/0 de perte. Il a réalisé un gain de ..., Combien lui avait coûté le blé ?

Soit x le prix du blé.

La première vente est de : $\dfrac{x}{3} + \dfrac{7}{100} \times \dfrac{x}{3}$

La deuxième vente est de : $\dfrac{x}{2} + \dfrac{14}{100} \times \dfrac{x}{2}$

La troisième vente est de : $\dfrac{x}{6} - \dfrac{3,5}{100} \times \dfrac{x}{6}$

Donc :
$$\frac{x}{3} + \frac{7x}{300} + \frac{x}{2} + \frac{14x}{200} + \frac{x}{6} - \frac{3,5x}{600} = x + 2\,000$$

$$\frac{7x}{300} + \frac{14x}{200} - \frac{3,5x}{600} = 2\,000$$

$$14x + 42x - 3,5x = 2\,000 \times 600$$

17. Un particulier place le $\dfrac{1}{5}$ de son capital à 3 0/0, le $\dfrac{1}{3}$ à 4 0/0 et reste à 7 0/0. Il a un revenu de 20 000 francs. Quel est le capital ?

Soit x le capital : $\dfrac{x}{5} \times \dfrac{3}{100} + \dfrac{x}{3} \times \dfrac{4}{100} + \dfrac{7x}{15} \times \dfrac{7}{100} = 20\,000$

$$\frac{9x + 20x + 49x}{1\,500} = 20\,000$$

$$x = 384\,615\ \text{fr.}\ 40.$$

18. Un commerçant doit 2 billets, l'un de 5 000 francs payable le 10 août, l'autre de 2 800 francs payable le 20 septembre ; il doit payer 7 800 francs en une seule fois. A quelle époque doit-il effectuer le paiement ?

Du 10 août au 20 septembre, il y a 41 jours. Soit x le nombre de jours à partir du 10 août, sans compter le 10 août ; comme le montant du troisième billet est la somme des montants des deux autres, il faut qu'il y ait compensation entre ce que l'on perd en payant en retard et ce que l'on gagne en payant d'avance.

Donc :
$$-5\,000x + (41 - x)\,2\,800 = 0$$
$$-50x + (41 - x)\,28 = 0$$

D'où : $x = 15$ par excès.

Le paiement devra être effectué le 25 août.

119. Un commerçant doit 3 billets, l'un de 2 700 francs, payable le 18 juillet ; le deuxième de 3 000 francs, payable le 10 août ; le troisième de 4 300 francs payable le 5 octobre. Il veut payer 10 000 francs en une seule fois. A quelle époque devra-t-il effectuer le paiement ?

R. Soit x le nombre de jours, après le 10 août, qu'aura lieu l'échéance. Puisque 10 000 francs représentent la somme des montants des trois billets, il n'y aura ni gain ni perte pour ce qu'on paie en avance et ce qu'on paie en retard : :

$$-(23 + x)\,2\,700 - x \times 3\,000 = (56 - x)\,43\,000$$

ou :
$$-(23 + x)\,27 - x \times 30 = (56 - x)\,43$$

$$x = 18 \text{ par excès.} \qquad \text{Donc le 28 août.}$$

120. Une personne place le $\frac{1}{3}$ de son capital à intérêts simples à 4 0/0 et le reste à 5 0/0. Au bout de trois ans et sept mois, elle retire, capital et intérêts réunis, une somme de 53 875 francs. Quel était son capital primitif ?

R. Soit x le capital cherché :

$$x + \frac{x}{3} \times \frac{4}{100} \times \frac{43}{12} + \frac{2x}{3} \times \frac{5}{100} \times \frac{43}{12} = 53\,875$$

D'où l'on tire : 46 156 fr. 60.

121. Quel poids d'un lingot d'argent au titre de 0,900 faut-il fondre avec un lingot d'argent pesant 8 kilogrammes au titre de 0,820 pour avoir un nouveau lingot au titre de 0,835 ?

R. Soit x le poids en kilogrammes du lingot d'argent au titre de 0,900.

J'écris que le poids total d'argent du lingot définitif est égal à la somme des poids d'argent des deux lingots qui le constituent :

$$\frac{x \times 900}{1\,000} + \frac{8 \times 820}{1\,000} = \frac{(x + 8)\,835}{1\,000}$$

$$900x + 8 \times 820 = (x + 8) \times 835$$

D'où :
$$x = 1 \text{ kg. } 846 \text{ à } 0,900.$$

[...] lingot d'or pesant 1 250 grammes au titre de [...] avec un autre lingot au titre de 0,900 et [...] trouve porté au titre de 0,845. On ajoute l'or néces[...] pour avoir le titre des monnaies, 0,900, et on convertit le [...] pièces de 20 francs. On demande le nombre de pièces [...] peut obtenir.

[...] x le poids en kilogrammes du lingot au titre de 0,900, qu'il [...] avec le premier pour avoir le titre de 0,845 :

$$\frac{1\,250 \times 740}{1\,000} + \frac{x \times 900}{1\,000} = \frac{(1\,250 + x)\,845}{1\,000}$$

$$1\,250 \times 740 + 900x = 1\,250 \times 845 + 845x$$

$$(900 - 845)\,x = 1\,250\,(845 - 740)$$

$$55x = 1\,250 \times 105$$

$$x = \frac{1\,250 \times 21}{11}$$

[...] le poids d'or [...] qu'il faut ajouter à ce dernier lingot pour [...] titre à 0,900.

[...] poids du lingot à 0,845 est : $1\,250 + x$

$$1\,250 + \frac{1\,250 \times 21}{11} = \frac{32 \times 1\,250}{11}$$

$$\frac{32 \times 1\,250}{11} \times \frac{845}{1\,000} + y = \left(\frac{32 \times 1\,250}{11} + y\right) \times \frac{900}{1\,000}$$

$$32 \times 1\,250 \times 845 + 11\,000\,y = (32 \times 1\,250 + 11y) \times 900$$

[...] le poids du lingot définitif au titre de 0,900 qui est :

$$\frac{32 \times 1\,250}{11} + y$$

[...] y par sa valeur et on divise par le poids d'une pièce [...] en or qui est : $\dfrac{100}{15,5}$ en grammes.

[...] Deux vases vides ont des poids égaux, mais des capacités [...]. Si on les remplit d'une huile dont la densité [...] le plus petit pèse 4 kg. 365 grammes et le grand [...]. 1º Déterminer le poids de ces deux vases et leurs [...] capacités, sachant que les $\dfrac{2}{3}$ de la contenance du petit valent les

$\frac{5}{9}$ de la contenance du grand. 2° Déterminer aussi le poids du grand vase supposé rempli de mercure, d'eau et d'huile, sachant que les volumes de ces liquides sont proportionnels à 5, 7 et 9 et que la densité du mercure est 13,6.

R. Soit P en kilogrammes le poids commun des deux vases; V en décimètres cubes le volume du plus petit; soit V' en décimètres cubes le volume du plus grand.

On a :
$$P + V \times 0{,}91 = 4 \text{ kg. } 365 \quad (1)$$
$$P + V' \times 0{,}91 = 4 \text{ kg. } 638 \quad (2)$$
$$\frac{2}{3}V = \frac{5}{9}V' \quad (3)$$

En retranchant membre à membre l'équation (1) de l'équation (2) :
$$(V' - V) \times 0{,}91 = 0 \text{ kg. } 273$$
$$V' - V = \frac{0{,}273}{0{,}91} = \frac{273}{910} = \frac{3}{10} \quad (4)$$

D'autre part, l'équation (3) donne : $6 V = 5 V'$
ou :
$$\frac{V'}{6} = \frac{V}{5} = \frac{V' - V}{1} = \frac{3}{10}$$

Donc :
$$V' = \frac{18}{10} \qquad V' = 1 \text{ décimètre cube, } 800$$
$$V = \frac{15}{10} \qquad V = 1 \text{ décimètre cube, } 500$$

ou :
$$V' = 1 \text{ litre, } 8 \qquad\qquad V = 1 \text{ litre, } 5$$

En remplaçant V par sa valeur dans l'équation (1), on tire :
$$P = 3 \text{ kilogrammes}$$

La deuxième partie est une question simple d'arithmétique quand on connaît V' et P.

124. Deux substances ont des densités exprimées par $\frac{4}{15}$ et $\frac{11}{10}$. Quel poids faut-il prendre de chacune pour avoir un mélange du poids de 125 kilogrammes avec une densité de ?

R. Soient x et y les poids en kilogrammes respectivement des substances de densités $\frac{4}{15}$ et $\frac{11}{10}$.
$$x + y = 125 \quad (1)$$

Le volume de la première substance est : $\dfrac{x}{\left(\frac{4}{15}\right)}$

Le volume de la deuxième substance est : $\dfrac{y}{\left(\frac{11}{10}\right)}$

Le volume total est : $\dfrac{125}{\left(\frac{5}{6}\right)}$

Donc : $\dfrac{x}{\left(\frac{4}{15}\right)} + \dfrac{y}{\left(\frac{11}{10}\right)} = \dfrac{125}{\left(\frac{5}{6}\right)}$

$$\frac{15x}{4} + \frac{10y}{11} = \frac{6 \times 125}{5} = 6 \times 25 = 150 \quad (2)$$

$$\frac{15x}{4} + \frac{10y}{11} = 150 \quad (2)$$

$$165x + 40y = 6\,600 \quad (2)$$

$$33x + 8z = 1\,320 \quad (3)$$

Il suffit de résoudre le système des équations (1) et (3) :

$$x = 12 \text{ kg. } 8 ; \qquad y = 112 \text{ kg. } 2.$$

125. Un récipient en tôle a 3 mètres de longueur; sa section transversale est un trapèze isocèle dont la base inférieure est 1 mètre et la base supérieure de 0 m. 80. La profondeur de récipient est de 0 m. 72. On y verse de l'eau jusqu'aux $\frac{5}{6}$ de la hauteur qu'il atteindrait s'il était plein. On demande quel est le volume de la partie

(Voir fig. 1). Soit ABCD la section transversale du récipient; AB = 1 m., DC = 0 m. 80; soit CH la hauteur, CH = 0 m. 72; soit I le point de CH aux $\frac{5}{6}$ de CH à partir de la base H; CI = $\frac{1}{6}$ de CH; donc CI = 0,12.

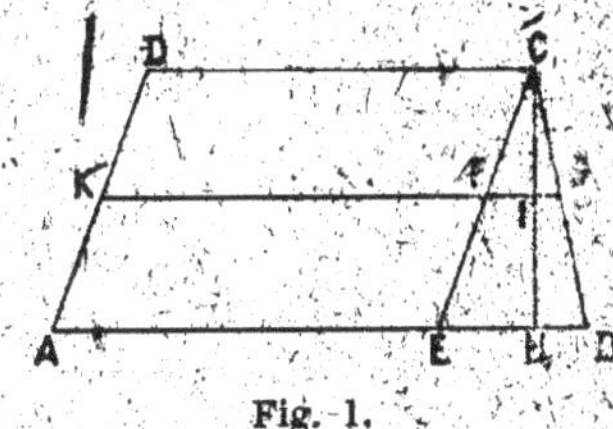

Fig. 1.

Par le point I, je mène la parallèle KG à AB qui coupe DA en K, et CB en G. Soit x la longueur KG.

Par le point C, je mène la parallèle à DA qui coupe KG
en E; FG = KG — KF = x — 0,80.

Les deux triangles semblables GFG et CEB donnent :

$$\frac{FG}{EB} = \frac{CI}{CH} \qquad \frac{x - KF}{1 - 0,80} = \frac{0,12}{0,12}$$

ou : $\dfrac{x - 0,80}{0,20} = \dfrac{1}{6}$ $\qquad 6x - 4,8 = 0,2 \qquad x = \dfrac{5}{6}$

L'aire du trapèze KGCD est donc : $\dfrac{\frac{5}{6} + 0,80}{2} \times 0,12$

Donc le volume de la partie vide est :

$$\frac{\frac{5}{6} + 0,80}{2} \times 0,12 \times 3 = \left(\frac{5}{6} + 0,80\right) \times 0,06 \times 3$$

Le volume de la partie vide est : 0 m³,294.

126. Deux lingots, l'un d'or pur, l'autre d'argent pur, ont une même valeur intrinsèque et pèsent ensemble 16 kg. 459. La valeur intrinsèque du kilogramme d'or pur est de 3 437 francs; celle de 9 kilogrammes d'argent pur est de 1 985 francs; la densité de l'or est 19, celle de l'argent 10,5. On demande la valeur intrinsèque commune des lingots, le volume de chacun d'eux, la longueur du lingot d'argent, sachant qu'il a la forme d'un cylindre de 30 millimètres de rayon.

R. Soit x le poids du lingot d'or pur; soit y le poids du lingot d'argent par :

$$(1) \qquad x + y = 16 \text{ kg. } 459$$

$$(2) \qquad x \times 3437 = \frac{y}{9} \times 1985$$

ou : $\dfrac{x}{1985} = \dfrac{y}{9 \times 3437} = \dfrac{x + y}{1985 + 9 \times 3437} = \dfrac{16 \text{ kg. } 459}{32918}$

La valeur du lingot d'or est : $3437x$

Or : $x = \dfrac{16,459 \times 1985}{32918}$

$$3437x = \frac{16,459 \times 1985 \times 3437}{32918} = 3438 \text{ fr. } 50$$

Pour avoir le volume, il suffit de diviser le poids par la densité ou $\dfrac{x}{19}$ pour l'or et $\dfrac{y}{10,5}$ pour l'argent.

... en ... la longueur du lingot d'argent :

$$\pi \times (0{,}030)^2 \times l = \frac{y}{10{,}5} \qquad \text{d'où : } l.$$

...lume de l'or est : 52 cm³ 389 ; le volume d'argent est : 1473 cen-
...cubes ; et la longueur l est : 52 cm. 96.

Un cône dont la base a un rayon égal à 2 mètres et dont
...teur est de 15 mètres est coupé par un plan parallèle à
...et distant du sommet de 12 mètres. On demande la sur-
...latérale du tronc de cône.

Soient le cône SAB, S le sommet, AB le diamètre de base ; soit
...le diamètre de la section par un plan à la distance du sommet
...12 mètres ; soient l la longueur de l'arête SB ; R le rayon de la
...base ; r le rayon du cercle de la section.

La surface latérale du tronc de cône est : $S = \pi (R + r) \times B'B$.

$$\frac{r}{R} = \frac{12}{15} = \frac{4}{5} \qquad R = 2 \qquad r = \frac{8}{5} = 1{,}6$$

$$\frac{SB'}{SB} = \frac{12}{15} = \frac{4}{5} \qquad SB = \sqrt{15^2 + 2^2} = \sqrt{229}$$

$$SB' = \frac{\sqrt{229} \times 4}{5} \qquad BB' = SB - SB' = \sqrt{229} - \frac{\sqrt{229} \times 4}{5}$$

$$BB' = \frac{\sqrt{229}}{5} \qquad S = \frac{3{,}1416 \times 3{,}6 \times \sqrt{229}}{5}$$

(...plus qu'à effectuer les calculs.)

Deux marchés A et B sont distants de 170 kilomètres ;
...al de blé coûte 22 francs en A et 24 fr. 80 en B. Les
...transport par quintal et par kilomètre sont de 0 fr. 035.
...ner, dans ces conditions, entre les deux marchés, le
...où le blé reviendra au même prix, qu'on le prenne
...ou en B.

Soit x la distance en kilomètres du point C au point A ; soit y
...du point C au point B.

$$x + y = 170 \qquad\qquad (1)$$
$$22 + x \times 0{,}035 = 24{,}80 + y \times 0{,}035 \qquad (2)$$
$$(x - y)\, 0{,}035 = 2{,}80 \qquad\qquad x - y = 80$$
$$x = 125 \text{ kilomètres.} \qquad y = 45 \text{ kilomètres.}$$

129. Un fermier emploie deux ouvriers qui reçoivent par le même salaire. Il donne à l'un, pour 56 journées de [...] 4 hectolitres de blé et 56 francs ; et à l'autre, pour 84 journées 6 hectolitres 75 et 69 francs. Calculer : 1° le prix d'estimation de l'hectolitre de blé ; 2° le prix de la journée d'un ouvrier.

R. Soit x le prix de l'hectolitre de blé.

$$\frac{4x + 56}{56} = \frac{6,75 \times x + 69}{84}$$

$$\frac{4x + 56}{2} = \frac{6,75 \times x + 69}{3}$$

$$2x + 28 = \frac{6,75 \times x + 69}{3} \qquad x = 20 \text{ francs}$$

Le prix de la journée est donc : $\dfrac{80 + 56}{56} = 2$ fr. 45 par excès.

130. Un vase contient de l'eau salée qui pèse 218 demi-décagrammes le litre. On en prend 6 litres et on les remplace par de l'eau salée qui ne pèse que $\dfrac{25}{26}$ de kilogramme par litre, et le nouveau mélange a un poids spécifique de 1 074 grammes. Quelle est la capacité du vase, sachant qu'il manque 1 litre pour qu'il soit rempli aux trois quarts ?

R. Soit x le nombre de litres de l'eau salée ; elle pèse 1 090 grammes le litre :

Donc : $\qquad (x - 6) \times 1\,090 + 6 \times \dfrac{25}{26} \times 1\,000 = x \times 1\,074$

$$x = \frac{770,770}{16}.$$

Le volume total est donc : $\left(\dfrac{770,770}{16} + 1,5 \right) \times \dfrac{4}{3}$ ou 66 l. 23.

131. Trois lingots d'alliage d'or et de cuivre ont des poids proportionnels aux nombres 3, 4 et 5. Le premier a pour titre 0,72 ; le deuxième 0,9. On demande : 1° Quel est le titre du troisième, sachant qu'en fondant en un seul lingot les trois lingots, on obtient un alliage au titre de 0,86. 2° Quels sont les poids des lingots alliés, sachant qu'en les fondant avec 200 grammes d'or pur, on obtient un alliage au titre de 0,875.

R. 1° Soient x le poids du premier lingot, y le poids du second, z le poids du troisième et t le titre du troisième lingot :

$$\frac{x}{3} = \frac{y}{4} = \frac{z}{5} \qquad (1) \qquad (2)$$

$$x \times 0{,}72 + y \times 0{,}9 + z \times t = (x + y + z) \times 0{,}86 \qquad (3)$$

Soit m la valeur commune des trois rapports :

$$x = 3m ; \qquad y = 4m ; \qquad z = 5m$$

$$3m \times 0{,}72 + 4m \times 0{,}9 + 5m \times t = (3m + 4m + 5m) \times 0{,}86$$

$$3 \times 0{,}72 + 4 \times 0{,}9 + 5 \times t = 12 \times 0{,}86$$

D'où : $\qquad t = 0{,}912$

2° x, y, z désignant les poids en grammes, on a :

$$x \times 0{,}72 + y \times 0{,}9 + z \times 0{,}912 + 200 = (x + y + z + 200) 0{,}874$$

$$3m \times 0{,}72 + 4m \times 0{,}9 + 5m \times 0{,}912 + 200 = (12m + 200) \times 0{,}874$$

D'où : $\qquad m = 150$

$$x = 3m = 450 \text{ g.} ; \qquad y = 4m = 600 \text{ g.} ; \qquad z = 5m = 750 \text{ g.}$$

132. On a deux lingots d'or, l'un au titre de 0,950, l'autre au titre de 0,800. On les fond dans un creuset en y ajoutant 2 kilogrammes d'or pur. L'unique lingot ainsi obtenu est au titre de 0,906 et pèse 25 kilogrammes. Trouver le poids des deux lingots.

R. Soit x en kilogrammes le poids du lingot au titre de 0,950 ; et soit y le poids du lingot au titre de 0,800

$$x + y + 2 = 25$$

$$x \times 0{,}950 + y \times 0{,}800 + 2 = (x + y + 2) \times 0{,}906$$

ou $\qquad x \times 0{,}95 + y \times 0{,}80 + 2 = 25 \times 0{,}906$

ou $\qquad 19x + 16y = 413$

D'où : $\qquad x = 15$ kilogrammes ; $\qquad y = 8$ kilogrammes.

133. On a une barrique de 300 litres qu'on remplit en y versant d'abord 40 litres d'eau, puis un mélange de deux vins achetés 0 fr. 35 et 0 fr. 60 le litre. Quelle quantité de chacun de ces vins faudra-t-il prendre pour qu'en revendant le contenu de la barrique à 0 fr. 60 le litre, on fasse un bénéfice de 50 0/0 sur le prix d'achat des vins employés?

R. Soit x le nombre de litres à 0 fr. 35, et soit y le nombre de litres à 0 fr. 60.

$$x + y = 300 - 40 = 260 \qquad (1)$$

$$x \times 0{,}35 + y \times 0{,}60 + \frac{x \times 0{,}35 + y \times 0{,}60}{2} = 300 \times 0{,}60$$

$$3\,(x \times 0{,}35 + y \times 0{,}60) = \;00 \times 0{,}60$$

$$7x + 12y = 2\,400 \qquad (2)$$

$x = 104$ litres ; $y = 156$ litres.

134. Une personne place les $\frac{3}{4}$ de son capital à 3 0/0 et le reste à 5 0/0. Si son capital diminué de 3600 francs était placé à 4 0/0, le revenu annuel de la personne serait augmenté de 95 francs. Quel est le capital ?

R. Soit x le capital : $\frac{3x}{4} \times \frac{3}{100} + \frac{x}{4} \times \frac{5}{100} = \frac{(x - 3\,600)\,4}{100} - 95$

$$x = 47\,800 \text{ francs.}$$

135. Deux piétons partent d'un même point, l'un à 6 h. 40 m., l'autre à 7 h. $\frac{1}{2}$ du matin, et vont dans le même sens. Le premier fait 90 pas à la minute et le second 95. Mais tandis que 1200 pas du premier représentent 1020 mètres, 1200 pas du second n'en représentent que 960. On demande, d'après cela, de calculer à quelle heure les deux piétons seront distants de 4 kilomètres.

R. Le premier a marché pendant 50 minutes avant que le second se mette en marche ; il a donc une avance de 50×90 pas, ou 4500 pas d'avance, ce qui représente 3 825 mètres d'avance. Soit x le nombre de minutes de marche à partir de 7 h. $\frac{1}{2}$.

$$3\,825 + \frac{90 \times x \times 1\,020}{1\,200} - \frac{95 \times x \times 960}{1\,200} = 4\,000$$

ou :

$$\frac{90 \times 102 \times x}{120} - \frac{95 \times 96 \times x}{120} = 175$$

$x = 350$ minutes ou : 5 h. 50 minutes, à partir de 7 h. 30 minutes, ce qui fait 13 h. 20 minutes.

136. Une personne doit à une autre :
1° 1 420 francs payables dans 96 jours ;
2° 855 francs payables dans 168 jours ;
3° 1 215 francs payables dans 216 jours.

Elle consent à remplacer ces trois sommes par un paiement unique de 3579 fr. 25 effectué au bout d'un an. À quel taux a-t-on calculé l'intérêt ?

Le premier billet sera payé avec 204 jours de retard ;
Le deuxième billet sera payé avec 192 jours de retard ;
Le troisième billet sera payé avec 144 jours de retard.

Soit x le taux.

$$\frac{1420 \times 204 \times x + 855 \times 192 \times x + 1215 \times 144 \times x}{36\,000} = 3579,25 - 3490$$

3490 est le montant des trois billets ; la différence est donc 89 fr. 25.

$$x = 4 \text{ fr. } 50 ; \qquad 4\ 1/2 \text{ p. } 100.$$

187. Un réservoir à parois verticales de 2 m. 50 de profondeur a pour base un trapèze de 3 m. 60 de hauteur, dont les bases diffèrent de 1 m. 50. Il est alimenté par 3 fontaines ; la première remplirait les $\frac{2}{5}$ en 30 heures ; la deuxième les $\frac{3}{8}$ en 36 heures ; la troisième fournit 3756 litres en 12 heures. Si l'on fait couler la première fontaine seule pendant 10 heures, puis la première et la deuxième pendant 16 heures et enfin les trois fontaines pendant 15 heures, le bassin est exactement rempli. On demande les bases du trapèze du fond.

Le volume du réservoir a pour expression le produit de l'aire de base par la hauteur ; or, la hauteur est connue et égale à 2 m. 50.

Soit B la longueur de la grande base du trapèze ;
Soit b la longueur de la petite base du trapèze.

$$B - b = 1 \text{ m. } 50 \qquad (1)$$

La surface du trapèze est :

$$\frac{(B + b)\,H}{2} \qquad \text{ou} : \frac{B + b}{2} \times 3,60 \qquad \text{ou} : (B + b) \times 1,80$$

Donc le volume du réservoir, en le désignant par x, est :

$$x = (B + b) \times 1,80 \times 2,50$$

Si je connais x, j'en déduirai la valeur de $B + b$ et je serai ramené à trouver deux nombres, connaissant leur somme et leur différence.

La première fontaine remplirait le bassin en 75 heures ; la deuxième remplirait le bassin en 96 heures. Donc :

$$\frac{10x}{75} + \frac{16x}{75} + \frac{16x}{96} + \frac{15x}{75} + \frac{15x}{96} + \frac{3756 \times 15}{12} = x$$

d'où :
$$x = 36 \text{ mètres cubes.}$$
$$B + b = \frac{36}{4,8 \times 2,5} = 6$$

et comme $B - b = 1,5$: $\qquad B = 4 \text{ m. } 75 ; \qquad b = 3 \text{ m. } 25.$

138. On a deux alliages d'argent à des titres différents. En fondant ensemble 15 grammes du premier, 24 grammes du second et 1 gramme d'argent pur, on obtient un premier alliage au titre de 0,879625. En fondant ensemble 25 grammes du premier, 18 grammes du second et 7 grammes de cuivre, on obtient un alliage au titre de 0,7259. Trouver les titres des deux alliages donnés.

R. Soit x le titre du premier lingot, et soit y le titre du deuxième lingot :

$$\frac{15x + 24y + 1}{15 + 24 + 1} = 0,879\,625 \qquad (1)$$

$$\frac{25x + 18y}{25 + 18 + 7} = 0,7259 \qquad (2)$$

$$x = 0,775 ; \qquad y = 0,940.$$

139. Une personne place une partie de sa fortune à 4 fr. 50 0/0 et l'autre à 3 0/0 et son revenu annuel est de 2175 fr. 30. Ce revenu annuel augmenterait de 620 fr. 40 si la somme placée à 3 0/0 était placée à 4 fr. 50 0/0 et réciproquement. Trouver le capital et les deux parties dans lesquelles il a été divisé.

R. Soit x la somme placée à 4,50 p. 100 ;
Soit y la somme placée à 3 p. 100.

$$\frac{x \times 4,50}{100} + \frac{y \times 3}{100} = 2175,30 \qquad (1)$$

$$\frac{x \times 3}{100} + \frac{y \times 4,50}{100} = 2175,30 + 620,40 = 2795,70 \qquad (2)$$

Il suffit de résoudre le système de ces deux équations :
$$x = 12\,460 ; \qquad y = 53\,820.$$

Le capital total est : 66 280 francs.

140. 50 ouvriers peuvent faire un ouvrage en 42 jours. Au bout de 15 jours, on ajoute à la troupe un certain nombre d'ouvriers, de sorte que le travail se trouve terminé 12 jours

...lus tôt. De combien d'ouvriers se compose l'équipe à laquelle on a eu recours ?

R. Les 50 ouvriers en travaillant 15 jours à un ouvrage nécessitant 42 jours ont fait $\frac{15}{42}$ de l'ouvrage ou $\frac{5}{14}$; il reste donc à faire les $\frac{9}{14}$ de l'ouvrage; les $50 + x$ ouvriers, en désignant par x le nombre d'ouvriers nouveaux, terminant l'ouvrage plus tôt que $42 - 15$ ou 27, le termineront en 15 jours, même temps que les premiers, d'où :

$$\frac{50}{\left(\frac{5}{14}\right)} = \frac{50+x}{\left(\frac{9}{14}\right)} \qquad\qquad x = 40 \text{ ouvriers.}$$

141. On veut faire avec 47 000 francs trois placements : l'un à 3 0/0, le second à 4 0/0, le troisième à 5 0/0, de manière que chacun produise le même revenu. Quels sont ces trois placements ?

R. Soit x la somme placée à 3 p. 100;
Soit y la somme placée à 4 p. 100;
Soit z la somme placée à 5 p. 100.

$$x + y + z = 47\,000 \qquad (1)$$
$$\frac{3x}{100} = \frac{4y}{100} = \frac{5z}{100}$$
$$3x = 4y = 5z \qquad (2) \qquad (3)$$

Faisons cette suite d'égalités (2) et (3) égale à $60m$, 60 étant le plus petit commun multiple de 3, 4, 5 :

$$3x = 4y = 5z = 60m.$$
$$x = 20m; \qquad y = 15m; \qquad z = 12m.$$

Remplaçons x, y, z par leur valeur dans (1) :

$$20m + 15m + 12m = 47\,000$$
$$m = 1\,000$$
$$x = 20\,000 \text{ francs}; \qquad y = 15\,000 \text{ francs}; \qquad z = 12\,000 \text{ francs.}$$

142. On a trois qualités de vin à 53 fr., 59 fr. et 72 fr. l'hectolitre. On veut en remplir un fût de 561 litres, de façon que le litre vaille 6 fr. 50 le décalitre, et en prenant deux fois plus de vin à 53 francs que de vin à 59 francs. Combien de litres de chaque espèce devra-t-on mettre dans le fût ?

R. Soit x le nombre de litres à 53 fr. l'hectolitre;

Soit y le nombre de litres à 59 fr. l'hectolitre ;
Soit z le nombre de litres à 72 fr. l'hectolitre.

$$x \times 0,53 + y \times 0,59 + z \times 0,72 = (x + y + z) \times 0,65$$

ou :
$$53x + 59y + 72z = (x + y + z) \times 65 \qquad (1)$$
$$x + y + z = 561 \qquad (2)$$
$$x = 2y \qquad (3)$$

Je remplace d'abord $x + y + z$ par 561 dans (1) ; puis je remplace x par $2y$ dans les équations (1) et (2) :

$$165y + 72z = 561 \times 65$$
$$3y + z = 561$$

$$y = 77 \text{ litres} ; \qquad z = 330 \text{ litres} ; \qquad z = 154 \text{ litres}.$$

143. Un bassin est alimenté par 3 fontaines. La première et la deuxième coulant ensemble le rempliraient en 3 heures ; la deuxième et la troisième en 4 heures $\frac{1}{2}$; la première et la troisième en 2 heures $\frac{3}{4}$. Combien faudrait-il à chaque fontaine coulant seule pour remplir le bassin ?

R. Soit x le temps que mettrait la première fontaine, coulant seule, pour remplir le bassin ; y pour la seconde ; z pour la troisième.

En une heure, la première remplit $\frac{1}{x}$; la deuxième $\frac{1}{y}$

$$\frac{1}{x} + \frac{1}{y} = \frac{1}{3,25} \qquad (1)$$
$$\frac{1}{y} + \frac{1}{z} = \frac{1}{4,5} \qquad (2)$$
$$\frac{1}{z} + \frac{1}{x} = \frac{1}{2,75} \qquad (3)$$

On a vu précédemment un semblable système d'équations ; on ajoute membre à membre les trois équations, on divise par 2 et on a :

$$\frac{1}{x} + \frac{1}{y} + \frac{1}{z} = \frac{1}{2}\left(\frac{1}{3,25} + \frac{1}{4,5} + \frac{1}{2,75}\right) \qquad (4)$$

et on retranche membre à membre (1) de (4), on a : $\frac{1}{z}$;

puis on retranche membre à membre (2) de (4), on a : $\frac{1}{x}$;

puis on retranche membre à membre (3) de (4), on a : $\frac{1}{y}$.

$$x = 4 \text{ h. } 30 \text{ minutes} ; \qquad y = 12 \text{ h. } 15 \text{ minutes} ; \qquad z = 7 \text{ h. } 45 \text{ minutes}.$$

144. Un oncle laisse en mourant 36 000 francs qui doivent être
partagés entre ses 5 neveux, et a stipulé dans son testament
que la part de chacun d'eux doit être en raison inverse de son
âge. On demande quelles seront les 5 parts, sachant que le
premier neveu est âgé de 30 ans, le deuxième de 20 ans, le troisième de 18 ans, le quatrième de 12 ans et le cinquième de
10 ans.

Soient x, y, z, u, v les 5 parts.

$$x + y + z + u + v = 36\,000 \qquad (1)$$

$$\frac{x}{\left(\frac{1}{30}\right)} = \frac{y}{\left(\frac{1}{20}\right)} = \frac{z}{\left(\frac{1}{18}\right)} = \frac{u}{\left(\frac{1}{12}\right)} = \frac{v}{\left(\frac{1}{10}\right)}$$

$$30x = 20y = 18z = 12u = 10v$$

Je pose cette suite d'égalités égale à $180m$, 180 étant le plus petit commun multiple de 30, 20, 18, 12, 10.

$$30x = 20y = 18z = 12u = 10v = 180m$$

$$x = 6m; \qquad y = 9m; \qquad z = 10m; \qquad u = 15m; \qquad v = 18m$$

Je remplace dans (1) et j'ai :

$$58m = 36\,000 \qquad\qquad m = \frac{18\,000}{29}$$

D'où :
$$x = \frac{6 \times 18\,000}{29} \qquad y = \frac{9 \times 18\,000}{29} \qquad z = \frac{10 \times 18\,000}{29}$$

$$u = \frac{15 \times 18\,000}{29} \qquad v = \frac{18 \times 18\,000}{29}$$

145. Une personne A poursuit une autre personne B, qui a
450 mètres d'avance; A fait 3 pas de 0 m. 70 quand B en fait
2 de 0 m. 75. On demande combien A doit faire de pas pour
atteindre B et quelle sera la longueur du chemin parcouru.

A fait 3 pas de 0 m. 7, ou 2 m. 10, quand B fait 2 pas de 0 m. 75,
ou 1 m. 50.

Soit x le nombre de pas faits par A pour rattraper B; à chaque
groupe de 3 pas, il rattrape 2 m. 10 — 1 m. 50 ou : 0 m. 60.

Donc : $\frac{x}{3} \times 0$ m. $60 = 450$ ou : $x \times 0{,}20 = 450$; $x = 2\,250$ pas.

La distance parcourue par A est 1 575 mètres.

146. Une personne laisse en mourant sa fortune à 6 parents,
dont 3 au quatrième degré, 2 au cinquième degré et 1 au

sixième degré, à la condition que le partage se fera en raison inverse des degrés de parenté. La somme à partager est 395 000 francs. On demande la part de chacune.

R. Soit x la part des parents au quatrième degré ;
Soit y la part des parents au cinquième degré ;
Soit z la part des parents au sixième degré.

$$3x + 2y + z = 395\,000 \qquad (1)$$

$$\frac{x}{\left(\frac{1}{4}\right)} = \frac{y}{\left(\frac{1}{5}\right)} = \frac{z}{\left(\frac{1}{6}\right)}$$

ou :
$$4x = 5y = 6z \qquad (2) \qquad (3)$$
$$4x = 5y = 6z = 60m$$
$$x = 15m \qquad y = 12m \qquad z = 10m$$
$$45m + 24m + 10m = 395\,000$$
$$79m = 395\,000 \qquad m = 5\,000$$

$$x = 75\,000 \text{ francs} ; \qquad y = 60\,000 \text{ francs} ; \qquad z = 50\,000 \text{ francs}.$$

147. Une substance coûte 865 francs la tonne ; les préparations qu'on lui fait subir pour la revendre coûtent 0 fr. 18 par kilogramme et occasionnent un déchet de 3,5 0/0. On demande combien il faut la revendre le kilogramme pour gagner 12 0/0.

R. Le prix de revient des 1 000 kilogrammes après la préparation est de 865 francs + 180 francs = 1 045 francs.
Il y a un déchet de 3,5 p. 100 ; il reste donc 965 kilogrammes.
Soit x le prix de vente d'un kilogramme pour gagner 12 p. 100.

$$x \times 965 = 1\,045 + 1\,045 \times \frac{12}{100} \quad \text{d'où} : x \times 1 \text{ fr. } 21.$$

148. Un litre d'un mélange, formé de 75 0/0 d'alcool et de 25 0/0 d'eau, pèse 900 grammes. Sachant que le litre d'eau pure pèse 1 kilogramme, on demande le poids d'un litre d'un mélange contenant 48 0/0 d'alcool et 52 0/0 d'eau.

R. Soit x le poids du centimètre cube d'alcool :

$$750x + 250 = 900 \qquad x = \frac{13}{15}$$

Le poids du nouveau mélange sera :

$$480x + 520 \qquad \text{ou} : 480 \times \frac{13}{15} + 520 \qquad \text{ou} : 936 \text{ grammes.}$$

149. Une personne possède une fortune de 120 000 francs et la diminue tous les ans de 1 500 francs ; une autre personne possède une fortune de 70 000 francs et l'augmente, au contraire, tous les ans de 500 francs. On demande au bout de combien d'années les fortunes seront égales.

R. Soit x le nombre d'années cherché :

$$120\,000 - 1\,500x = 70\,000 + 500x$$

$$x = 25 \text{ années.}$$

150. Le nombre des adultes en France est de 21 651 795 ; celui des adultes du sexe masculin est les $\dfrac{5}{16}$ de la population totale et celui des adultes du sexe féminin est les $\dfrac{16}{17}$ du nombre des adultes mâles. On demande quelle est la population de la France.

R. Soit x le nombre des adultes du sexe masculin ;
Soit y le nombre des adultes du sexe féminin ;
Soit z la population totale.

$$x + y = 21\,651\,795 \quad (1)$$

$$x = \frac{5}{16}z \quad (2)$$

$$y = \frac{16}{17}x \quad (3)$$

On remplace y par $\dfrac{16}{17}x$ dans (1) :

$$x = 11\,153\,985 ; \qquad z = \frac{16x}{5} = 35\,692\,656 \text{ habitants.}$$

151. On demande de trouver le nombre de pièces de 2 francs et de pièces de 5 francs qu'il faut réunir pour que, le nombre des pièces employées étant de 60, leur valeur totale soit 180 francs.

R. Soit x le nombre de pièces de 2 francs, et soit y le nombre des pièces de 5 francs.

$$x + y = 60 \quad (1) \qquad 2x + 5y = 180 \quad (2)$$

Donc : $\quad x = 40$ pièces de 2 francs ; $\qquad y = 20$ pièces de 5 francs.

152. Une personne place les $\frac{3}{7}$ de sa fortune à 5 0/0, et divise le reste en deux parts qu'elle place, la première à 6 0/0 et la seconde à 3 0/0. Elle se fait ainsi un revenu de 18 600 francs. On demande de calculer cette fortune, sachant que les deux derniers placements produisent le même revenu.

R. Soit x la fortune totale ; soit y la somme placée à 6 p. 100 et z la somme placée à 3 p. 100.

$$\frac{3x}{7} \times \frac{5}{100} + y \times \frac{6}{100} + z \times \frac{3}{100} = 18\,600 \qquad (1)$$

$$\frac{y \times 6}{100} = \frac{z \times 3}{100} \qquad (2)$$

puisque les deux derniers placements produisent le même revenu.

Enfin, la somme placée à 5 p. 100 étant les $\frac{3}{7}$ de la fortune totale, $y + z$ représente le reste, ou : $\frac{4}{7}$;

donc : $\qquad\qquad\qquad y + z = \frac{4}{7}x \qquad (3)$

De (2), on tire : $z = 2y$; on porte dans l'équation (3) :

$$3y = \frac{4}{7}x \qquad\qquad y = \frac{4x}{7 \times 3} \qquad\qquad \text{donc}: z = \frac{8x}{7 \times 3}$$

Enfin on porte y et z dans (1).

On remarque que l'on peut diviser les deux membres de (1) par 3.

$$\frac{5x}{7} + 2y + z = 620\,000$$

$$\frac{5x}{7} + \frac{8x}{21} + \frac{8x}{21} = 620\,000$$

$$\frac{31x}{21} = 620\,000 \qquad\qquad x = 420\,000 \text{ francs.}$$

153. Deux voyageurs partent le même jour à 6 heures du matin des points A et B, se dirigeant vers un même point C ; la distance de A à B est de 60 kilomètres, celle de B à C est de 180 kilomètres ; celui qui part de A fait 12 kilomètres à l'heure ; celui qui part de B en fait 8 ; on demande : 1° à quelle heure les deux voyageurs se trouveront à égale distance de B, l'un en avant de B et l'autre après B ; 2° à quelle distance seront-ils de B ? 3° à quelle heure et à quelle distance de C le voyageur parti de A atteindra-t-il celui parti de B ?

R. 1° Soient A, B, C les trois points; B entre A et B (Faire la figure);
.... kilomètres; BC = 180 kilomètres.

.... le nombre d'heures nécessaires pour que les deux voyageurs .... égale distance de B.

$60 - 12x = 8x$ $x = 3$ heures; donc à 9 heures du matin.

2° Ils seront à 24 kilomètres de B.

Au bout d'une heure de marche, le voyageur qui part de A rat-........ le second voyageur de 4 kilomètres; $\dfrac{60}{4} = 15$. Donc, il faudra .... heures pour que le voyageur parti de A rattrape le voyageur parti .... B; il sera donc 21 heures; ils seront à 60 kilomètres au delà de C.

154. Une montre marque 3 heures; on demande : 1° à quelle heure les deux aiguilles seront à égale distance du point de 3 heures, l'une d'un côté et l'autre de l'autre côté; 2° résoudre la question si, au lieu du point de 3 heures, on demandait le point de 4 heures, de 5 heures, de 10 heures.

R. Le cadran étant partagé entre 60 divisions, pendant 1 heure, la grande aiguille parcourt 60 divisions et la petite aiguille en parcourt 5.

.... la fraction d'heure nécessaire pour que les deux aiguilles soient .... égale distance du point de 3 heures. Au départ, la grande aiguille .... à une distance de 15 divisions, donc :

$$15 - \frac{60}{x} = \frac{5}{x} \qquad \frac{1}{x} = \frac{3}{13}$$

1° Le fait se produira à 3 heures $+ \dfrac{3}{13}$.

2° Si le départ avait lieu à 4 heures, l'écart entre la grande aiguille .... 4 heures étant 20 divisions :

$$20 - \frac{60}{x} = \frac{5}{x}, \text{ etc.}$$

155. Un marchand remplit une pièce de 228 litres avec deux .... de vin ordinaire qui lui coûtent l'un 0 fr. 50 et l'autre .... fr. 65 le litre, et avec du vin de Bordeaux qui lui revient à .... fr. 90 le litre.

Il emploie cinq fois plus de vin de Bordeaux que de vin à

0 fr. 50 et six fois moins de vin à 0 fr. 50 que de vin à 0 fr.

On demande :

1° Combien il entre de litres de chaque espèce de vin dans le liquide ainsi obtenu ;

2° A quel prix le marchand devra vendre le litre du mélange pour réaliser un bénéfice de 20 0/0.

R. 1° Soit x le nombre de litres à 0 fr. 50 ;
Soit y le nombre de litres à 0 fr. 65 ;
Soit z le nombre de litres à 0 fr. 80.

$$x + y + z = 228 \qquad (1)$$
$$z = 5x \qquad (2)$$
$$y = 6x \qquad (3)$$

En remplaçant y et z par leur valeur dans (1) :

$$x + 6x + 5x = 228$$

$x = 19$ litres ; $\qquad y = 114$ litres ; $\qquad z = 95$ litres.

2° Le calcul se fait sans aucune difficulté.

156. Un héritage de 112 365 francs est partagé entre deux personnes, de telle sorte qu'en ajoutant à chaque part l'intérêt qu'elle produirait en un an, la première à $3\frac{1}{3}$ 0/0, et la seconde à $4\frac{3}{4}$ 0/0, on obtient deux parts égales.

Quelles sont exactement les deux parts ?

R. Soit x la première part ; soit y la seconde.

$$x + y = 112\,365 \qquad (1)$$
$$x + \frac{x \times \frac{10}{3}}{100} = y + \frac{y \times \frac{19}{4}}{100} \qquad (2)$$
$$100x + \frac{10x}{3} = 100y + \frac{19y}{4}$$
$$1\,200x + 40x = 1\,200y + 57y$$
$$1\,240x = 1\,257y \qquad (2)$$
$$x = 56\,565 \text{ francs} ; \qquad y = 55\,800 \text{ francs.}$$

157. Un banquier prête 10000 francs à la condition que, dans deux ans, jour pour jour, il lui en soit rendu 11 200.

Quel est l'intérêt de ce prêt, en tenant compte de l'intérêt composé, c'est-à-dire en admettant que l'intérêt non payé au

[...] de [...]ère année se joigne au capital pour porter [...]intérêt à son tour pendant la seconde?

[...]nt pour 100 de l'intérêt devra être calculé jusqu'au [...]me.

R. En désignant par x l'intérêt de 1 franc en 1 an, au bout de 1 an, [...]intérêt sera $10\,000\,x$ et le nouveau capital sera :

$$10\,000 + 10\,000\,x \qquad \text{ou} : 10\,000\,(1 + x)$$

Ce nouveau capital est placé pendant 1 an; donc, il rapporte : [...]$(1 + x)\,x$; le nouveau capital est donc :

$$10\,000\,(1 + x) + 10\,000\,(1 + x)\,x$$

$$10\,000\,(1 + x)^2 = 11\,200$$

$$(1 + x)^2 = \frac{112}{100} \qquad 1 + x = \frac{\sqrt{112}}{10} \qquad x = \frac{\sqrt{112}}{10} - 1 = \frac{\sqrt{112} - 10}{10} = \frac{0{,}583}{10}$$

Le taux sur 100 francs est donc : 5 fr. 83 environ.

158. Une personne place aujourd'hui une somme de 12 500 francs à 4 0/0 et trois mois et demi plus tard une somme de 28 500 francs à $4\frac{3}{4}$ 0/0.

Au bout de combien de temps les deux sommes auront-elles produit des intérêts égaux?

R. Soit x le nombre de jours à partir du deuxième placement; trois mois et demi font 105 jours. Donc :

$$\frac{12\,500\,(105 + x)\,4}{36\,000} = \frac{28\,500 \times x \times 4{,}75}{36\,000}$$

D'où : $\qquad x = 64$ jours par défaut.

159. On suppose que les bénéfices d'un négociant représentent [cha]que année le quart de la somme dont il disposait au commencement de cette année, et qu'il laisse engagés dans son commerce ces bénéfices. Au bout de trois ans, le négociant se retire avec un capital qui, placé à 4 fr. 75 0/0, lui permet de dépenser [...] francs par mois. Quelle a été sa première mise de fonds?

R. Soit x la première mise de fonds.

À la fin de la première année, cette somme est devenue : $x + \dfrac{x}{4}$.

À la fin de la deuxième année, cette somme est devenue :

$$x + \frac{x}{4} + \frac{x}{4} + \frac{x}{16}$$

A la fin de la troisième année, cette somme est devenue :

$$x + \frac{x}{4} + \frac{x}{4} + \frac{x}{16} + \frac{x}{4} + \frac{x}{16} + \frac{x}{16} + \frac{x}{64} \quad \text{ou} : \quad \frac{64x + 48x + 12x + x}{64}$$

La somme qui, placée à 4 fr. 75, rapporte 171 francs par mois, 43 200 francs

Donc : $\dfrac{64x + 48x + 12x + x}{64} = 43\,200$ d'où : $x = 22\,118$ fr. 40.

160. Trois marchands se sont associés pour fournir à un régiment, le premier 510 mètres de drap rouge, le second 2000 mètres de drap bleu et le troisième 3900 mètres de toile. La valeur du drap bleu est les $\frac{4}{5}$ de celle du drap rouge, et le prix de la toile est le $\frac{1}{8}$ de celui du drap bleu. On demande ce qui revient à chacun des 3 marchands sur un bénéfice de 3750 francs.

R. Soit x le prix du drap rouge ;
Soit y le prix du drap bleu ;
Soit z le prix de la toile.

Le premier a déboursé $510x$;
Le deuxième a déboursé $2\,000y$;
Le troisième a déboursé $3\,900z$.

$$(1) \quad y = \frac{4}{5}x \qquad z = \frac{y}{8} \quad (2)$$

$$\frac{y}{4} = \frac{x}{5} \quad \text{et} : \frac{y}{8} = z \quad \text{ou} : \frac{y}{4} = 2z = \frac{z}{\left(\frac{1}{2}\right)}$$

Soient A, B, C les bénéfices de chacun ; ils sont proportionnels à leurs mises. Donc :

$$\frac{A}{510x} = \frac{B}{2000y} = \frac{C}{3900z} \qquad \text{avec} \quad A + B + C = 3750$$

$$\frac{\frac{A}{510}}{x} = \frac{\frac{B}{2000}}{y} = \frac{\frac{C}{3900}}{z} \qquad \text{et comme} : \frac{x}{5} = \frac{y}{4} = \frac{z}{\left(\frac{1}{2}\right)}$$

on a :

$$\frac{\left(\frac{A}{51}\right)}{5} = \frac{\left(\frac{B}{200}\right)}{4} = \frac{\left(\frac{C}{390}\right)}{\left(\frac{1}{2}\right)}$$

ou :
$$\frac{A}{255} = \frac{B}{800} = \frac{C}{195} = \frac{A+B+C}{255+800+195} = \frac{3750}{1250}$$

$$\frac{A}{255} = \frac{B}{800} = \frac{C}{195} = 3$$

$$A = 255 \times 3 = 765 \text{ francs};$$
$$B = 800 \times 3 = 2400 \text{ francs};$$
$$C = 195 \times 3 = 585 \text{ francs}.$$

161. Un tricycle à roues égales de 0 m. 80 de diamètre fait 15 kilomètres à l'heure. Deux heures après son départ, un bicycle dont les roues ont 1 m. 20 et 0 m. 30 de diamètre et dont la vitesse est les $\frac{7}{5}$ de celle du tricycle, se met à sa poursuite. Au moment où il le rattrapera, combien chacune des roues des deux vélocipèdes aura-t-elle fait de tours ?

R. Le tricycle a 2 heures d'avance sur le bicycle ; il a donc fait 30 kilomètres quand le cycle part. A partir de ce moment, comme le bicycle fait 21 kilomètres à l'heure, il en fait 6 de plus que le tricycle et comme il doit rattraper 30 kilomètres, il devra marcher 5 heures.
Soit x le nombre de tours de roue pour le tricycle. il a marché 7 heures à 15 kilomètres à l'heure, il a donc fait 105 kilomètres ou 105 000 mètres.

La longueur de la roue du tricycle est : $2\pi R$ ou : $\pi \times 0,80$.
$$\pi \times 0,80 \times x = 105\,000. \qquad \text{D'où : } x.$$

Soit y le nombre de tours de la petite roue du bicycle :
$$\pi \times 0,30 \times y = 105\,000. \qquad \text{D'où } y.$$

Soit z le nombre de tours de la grande roue du bicycle :
$$\pi \times 1,20 \times z = 105\,000. \qquad \text{D'où } z.$$

162. On donne à un orfèvre 1 000 francs en pièces de 5 francs, 500 francs en pièces de 1 franc, et 50 francs en pièces de 0 fr. 10, et on lui dit de faire avec le tout deux objets de même poids, mais dont l'un ait une valeur double de l'autre. Quels seront les titres de ces deux objets ? L'alliage des pièces d'argent à la même valeur que le métal des pièces de 0 fr. 10.

R. (Le problème est indéterminé.)

163. Un fermier A possède actuellement 8437 francs d'économies. Son voisin B n'a que 6799 francs. Le fermier A ne met

de côté, par an, pour l'ajouter à ses économies, que 832 francs,
tandis que B met de côté annuellement 1 105 francs.

On demande au bout de combien d'années leurs économies
totales seront égales (sans tenir compte des intérêts).

R. Soit x le nombre d'années :

$$8\,437 + x \times 832 = 6\,729 + x \times 1\,105$$
$$x = 6 \text{ années.}$$

164. On présente à un banquier deux billets à escompter ;
l'un est payable dans 50 jours et l'autre est payable dans
70 jours ; le banquier, au taux commercial ordinaire, retient
29 francs pour l'ensemble des deux billets. Si les deux billets
avaient été présentés à l'escompte 10 jours plus tard, la retenue
faite sur le second billet aurait été égale à la retenue faite sur
le premier.

Quelle est la valeur nominale de chacun des deux billets ?

R. Soit x la valeur nominale du premier billet ;
Soit y la valeur nominale du deuxième billet ;

Soit 4 p. 100 le taux.

$$\frac{x \times 50 \times 4}{36\,000} + \frac{y \times 70 \times 4}{36\,000} = 29 \qquad (1)$$

$$\frac{x \times 40 \times 4}{36\,000} = \frac{y \times 60 \times 4}{36\,000} \qquad (2)$$

$$x = 2\,700 \text{ francs ;} \qquad y = 1\,800 \text{ francs.}$$

165. Résoudre le système

$$(x - 1)(y + 2) = (x + 1)y$$
$$7y - 5x = 1$$

R. $(x - 1)(y + 2) = (x + 1)y$ \qquad (1)
$$7y - 5x = 1 \qquad (2)$$

Je développe les calculs indiqués dans l'équation (1) :

$$xy + 2x - y - 2 = xy + y$$

ou : $\qquad x - y = 1 \qquad (3)$

Le système (2), (3) donne : $\qquad x = 4 ; \quad y = 3.$

166. Un propriétaire a le $\frac{1}{5}$ de sa fortune placé en valeurs

dustrielles lui rapportant en moyenne 5,65 0/0 l'an; les $\frac{2}{3}$ du reste sont placés en immeubles, et fournissent un revenu 7,80 0/0; le surplus est représenté par des terres qui pro- duit 2,70 0/0.

Ce propriétaire jouit d'un revenu annuel de 8 655 francs; trouver la valeur de sa fortune.

R. Soit x la fortune; le cinquième est donc $\frac{x}{5}$;

le reste est : $\quad x - \frac{x}{5}\quad$ ou : $\frac{4x}{5}$ et les $\frac{2}{3}$ du reste font : $\frac{8x}{15}$;

enfin, le surplus est : $\quad x - \frac{x}{5} - \frac{8x}{15} = \frac{4x}{15}$

Par conséquent : $\frac{x}{5} \times \frac{5,65}{100} + \frac{8x}{15} \times \frac{7,35}{100} + \frac{4x}{15} \times \frac{2,70}{100} = 8\,655$

d'où : $\qquad x = 150\,000$ francs.

167. Résoudre le système

$$\frac{3x^2 + 4xy - 5xz + 19x + 20y - 25z + 20}{x + 5} = 0$$
$$4x - 5y + 3y - 3 = 0$$
$$5x - 3y - 4z + 1 = 0$$

R. Je remarque que le numérateur est divisible par le dénominateur; le quotient est :

$$3x + 4y - 5z + 4$$

Il suffit, pour le trouver, de diviser le polynome numérateur ordonné par rapport à x. Soit :

$$3x^2 + x\,(4y - 5z + 19) + 20y - 25z + 20,\ \text{divisé par } x + 5$$

On peut se dispenser de faire la division en groupant les termes de la manière suivante :

$$3x^2 + x\,(4y - 5z + 19) + 5\,(4y - 5z + 4)$$

ou : $\qquad 3x^2 + x\,(4y - 5z + 4) + 15x + 5\,(4y - 5z + 4)$

ou : $\qquad 3x^2 + x\,(4y - 5z + 4) + 5\,(3x + 4y - 5z + 4)$

ou : $\qquad x\,(3x + 4y - 5z + 4) + 5\,(3x + 4y - 5z + 4)$

ou enfin : $\qquad (x + 5)\,(3x + 4y - 5z + 4)$

On a donc à résoudre le système : $\begin{cases} 3x + 4y - 5z + 4 = 0 \\ 4x - 5y + 3z - 3 = 0 \\ 5x - 3y - 4z + 1 = 0 \end{cases}$

(Le procédé a été indiqué.)

168. Une personne place les $\frac{2}{3}$ de son capital à 6 0/0 et le reste à 4 $\frac{1}{2}$ 0/0. L'intérêt annuel qu'elle reçoit ainsi est les $\frac{4}{5}$ des intérêts rapportés par une somme de 33 000 francs placés à 5 0/0 pendant un an. Trouver le capital.

R. Soit x le capital : $\frac{2x}{3} \times \frac{6}{100} + \frac{x}{3} \times \frac{4,5}{100} = \frac{4}{5} \times 33\,000 \times \frac{5}{100}$

Ce qui peut d'écrire, en faisant les simplifications :
$$4x + 1,5\,x = 4 \times 33\,000$$
$$x = 24\,000 \text{ francs.}$$

169. Trois associés ont un fonds de 90 000 fr., à l'aide duquel ils ont gagné 17 835 francs à répartir entre eux proportionnellement à leurs mises. Le premier reçoit ainsi les $\frac{5}{12}$ de ce bénéfice, et le deuxième une part trois fois et demie plus considérable que celle du troisième. On demande de calculer à un demi-franc près la mise et le bénéfice de chacun des trois associés.

R. La première part est les $\frac{5}{12}$ de 17 835 ou 7 431 fr. 15.

Il reste donc à partager 10 403 fr. 75.
Soit x la seconde part; soit y la troisième part.
$$x + y = 10\,403 \text{ fr. } 75 \qquad x = 8\,091 \text{ fr. } 85;$$
$$x = 3,5\,y \qquad\qquad y = 2\,311 \text{ fr. } 90.$$

Le bénéfice du premier est : 7 431 fr. 15;
Le bénéfice du deuxième est : 8 091 fr. 85;
Le bénéfice du troisème est : 2 311 fr. 90.
Soit A la mise du premier; soit B la mise du second; soit C la mise du troisième :
$$A + B + C = 90\,000 \qquad (1)$$
$$\frac{A}{7\,431,15} = \frac{B}{8\,091,85} = \frac{C}{2\,311,90} = \frac{A+B+C}{17\,835} = \frac{90\,000}{17\,835}$$
D'où : A, B, C.

170. On a de la monnaie d'or, d'argent et de bronze. La somme en argent surpasse de 284 francs celle de bronze, et la somme en or surpasse de 1 570 francs celle d'argent. Toute cette monnaie, qui pèse 265 décagrammes, sert à payer un pré

qu'on a acheté 0 fr. 50 le mètre carré. Sachant que ce pré a la forme d'un trapèze, que la petite base a 14 mètres de moins que la grande, et que la hauteur a 14 mètres de moins que la petite base, calculer ses dimensions.

R. Soit x la somme en or; soit y la somme en argent; soit z la somme en bronze :

$$y = z + 284 \qquad (1)$$
$$x = y + 1570 \qquad (2)$$
$$\frac{5x}{15,5} + 5y + 100z = 2650 \qquad (3)$$

En remplaçant y par $z + 284$ dans (2) : $x = z + 1854$

Je remplace x et y par leurs valeurs dans (3), et j'ai : $z = 6$.

D'où : $\qquad x = 1860 \qquad$ et : $y = 290$.

La somme totale est donc 2156 francs.

Comme le terrain coûte 0 fr. 50 le mètre carré, la surface est 4312 mètres carrés.

Soient B la grande base; b la petite base; H la hauteur du trapèze.

$$B - b = 14 \qquad (4)$$
$$H = b - 14 \qquad (5)$$
$$\frac{(B + b)\,H}{2} = 4312 \qquad (6)$$

or : $\qquad B + b = 2b + 14 \qquad\qquad H = b - 14$

Donc : $\qquad \dfrac{(2b + 14)(b - 14)}{2} = 4312 \qquad\qquad (2b + 14)(b - 14) = 8624.$

$$b^2 - 7b = 4410 \qquad\qquad \left(b - \frac{7}{2}\right)^2 - \frac{49}{4} = 4410$$

$$\left(b - \frac{7}{2}\right)^2 = 4410 + \frac{49}{4} = \frac{17689}{4}$$

$$b - \frac{7}{2} = +\frac{133}{2} \qquad\qquad b = 70 \text{ m.} ; B = 84 \text{ m.} ; H = 56 \text{ m.}$$

171. Une personne voulant faire une promenade prend au départ une voiture qui fait 12 kilomètres à l'heure. A quelle distance du point de départ devra-t-elle quitter la voiture pour que, revenant à pied et faisant 4 kilomètres à l'heure, elle soit de retour 5 heures après son départ?

R. Le temps qu'elle passe en voiture et le temps qu'elle met pour revenir à pied font une somme égale à 5 heures.

Soit x la distance à laquelle elle doit quitter la voiture.

$$\frac{x}{12} + \frac{x}{4} = 5 \qquad\qquad x = 15 \text{ kilomètres.}$$

172. La distance de Paris à Brest est de 624 kilomètres ; un train express ayant une vitesse de 45 kilomètres à l'heure part de Brest à 2 heures du matin ; un train omnibus dont la vitesse est de 30 kilomètres à l'heure part de Paris à 6 heures du matin. A quelle distance de Paris et à quelle heure se rencontreront-ils?

R. Quand le train omnibus part de Paris, le train qui est parti de Brest a marché pendant 4 heures en faisant 45 kilomètres à l'heure ; la distance a diminué de 180 kilomètres. Elle est donc réduite à 624 — 180 ou 444 kilomètres.

Soit x le temps en heures, à partir de 6 heures du matin, pendant lequel les trains doivent marcher pour se rencontrer :

$$45x + 30x = 444 \qquad\qquad 75x = 444$$

La distance à Paris sera : $30x$ ou : $177^{\text{km}},60$.

173. On connaît les bases et la hauteur d'un trapèze. On prolonge les côtés non parallèles ; on demande de calculer les hauteurs des deux triangles ainsi obtenus.

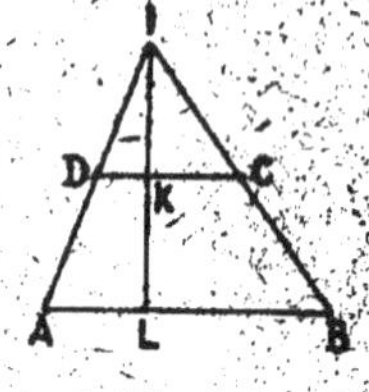

R. (*Voir fig. 2*). Soit le trapèze ABCD ; on connaît la grande base AB = B ; la petite base DC = b, et la hauteur KL = H.
Je prolonge les deux côtés non parallèles qui se coupent en I ; il faut calculer IK et IL.

Je pose : IL = x ; IK = y.

Fig. 2.

Les deux triangles semblables IDC, IAB donnent :

$$\frac{\text{IK}}{\text{IL}} = \frac{\text{DC}}{\text{BA}} \qquad\qquad \text{ou} : \frac{y}{x} = \frac{b}{B} \qquad (1)$$

On sait d'autre part que :

$$\text{IL} - \text{IK} = \text{H}, \qquad \text{ou} : x - y = \text{H} \qquad (2)$$

L'équation (1) peut s'écrire :

$$\frac{x}{B} = \frac{y}{b} \qquad\qquad \text{d'où} : \frac{x}{B} = \frac{y}{b} = \frac{x-y}{B-b} = \frac{H}{B-b}$$

D'où :

$$x = \frac{B \times H}{B-b} \qquad\qquad y = \frac{b \times H}{B-b}$$

174. Calculer les côtés d'un triangle rectangle, sachant que ces trois côtés sont exprimés par trois nombres entiers consécutifs.

R. Soit x le côté moyen ; l'hypoténuse est $x+1$ et le petit côté est $x-1$.

$$(x+1)^2 = x^2 + (x-1)^2$$
$$x^2 + 2x + 1 = x^2 + x^2 - 2x + 1$$
$$x^2 - 4x = 0 \qquad x(x-4) = 0$$

x n'est pas nul, donc : $\qquad\qquad x = 4.$

Les trois côtés sont 3, 4, 5.

175. Inscrire dans un triangle donné un rectangle de périmètre donné.

R. (*Voir fig.* 3). Nous supposons le rectangle à l'intérieur du triangle, comme l'indique la figure.

Soit ABC le triangle, de côtés a, b, c. Supposons que le rectangle DEFG a une base sur BC.

Soit h la hauteur AL du triangle correspondant à a.

Posons :

$$DE = FG = x ; \qquad EF = IL = DG = y$$

Par hypothèse, $\qquad 2x + 2y = 2p$

ou : $\qquad x + y = p \qquad (1)$

Les deux triangles semblables AED, ABC donnent :

$$\frac{ED}{BC} = \frac{AI}{AL} \qquad\qquad \text{ou} : \frac{x}{a} = \frac{h-y}{h} \qquad (2)$$

On a à résoudre le système des deux équations, (1) et (2) ; de (2), je tire :

$$hx = ah - ay,$$
$$hx + ay = ah$$

avec $\qquad x + y = p \qquad y = \dfrac{h(p-a)}{h-a} \qquad x = \dfrac{a(h-p)}{h-a}$

Si $h - a > 0$, pour que x et y soient positifs, il faut que $p - a > 0$, que $h - p > 0$.

De plus, il faut que $x < a$ ou $p > a$, ce qui est supposé. De même, il faut que $y < h$ ou $p < h$, ce qui est supposé.

(Si on veut traiter le problème complet de géométrie, il faut faire les figures où le rectangle est extérieur. Nous avons simplement traité le cas où le rectangle est à l'intérieur du triangle.)

176. Inscrire dans un triangle donné un rectangle semblable à un rectangle donné.

B. (*Même fig. 3*). (1) $\frac{x}{y}=\frac{m}{n}$, m et n étant deux longueurs, ou deux nombres donnés.

De même, $\qquad \frac{x}{a}=\frac{h-y}{h}$ $\qquad$ (2)

$$x=\frac{mah}{mh+na} \qquad\qquad y=\frac{nah}{mh+na}$$

177. Inscrire un carré dans un triangle donné.

R. C'est le cas particulier du problème précédent où $x=y$; alors l'équation (2) suffit; elle devient : $\dfrac{x}{a}=\dfrac{h-x}{h}$ $\qquad x=\dfrac{ah}{a+h}$

178. Partager un trapèze en deux parties équivalentes par une parallèle à ses bases.

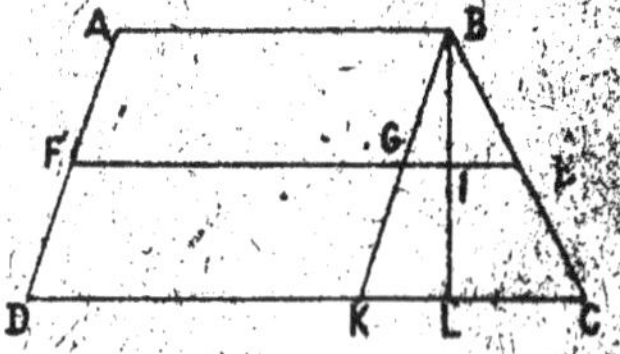

R. (*Voir fig. 4*). Soit ABCD le trapèze donné; AB $= b$, CD $=$ B.

Soit H la hauteur du trapèze donné; soit EF la parallèle cherchée à la base : soit x sa longueur; je mène par B la parallèle BGK à AD et j'abaisse du point B la perpendiculaire BIL sur EF et CD. Puisque les deux trapèzes ABEF et FECD sont équivalents, l'aire ABEF est la moitié de l'aire du trapèze donné; soit BI $= y$.

Fig. 4.

$$\frac{b+x}{2}\times y=\frac{1}{2}\frac{B+b}{2}\times H$$

$$(b+x)\,y=\frac{(B+b)H}{2} \qquad (1)$$

Les deux triangles semblables BGE, BKC donnent :

$$\frac{x-b}{B-b}=\frac{y}{H} \qquad (2) \qquad\qquad \text{ou} : y=\frac{(x-b)\times H}{B-b}$$

Je remplace y par sa valeur dans (1) : $\dfrac{(x+b)(x-b)H}{B-b}=\dfrac{(B+b)H}{2}$

$$x^2-b^2=\frac{B^2-b^2}{2}, \qquad x^2=\frac{B^2+b^2}{2} \qquad x=\sqrt{\frac{B^2+b^2}{2}}$$

179. Mener une parallèle à la base d'un triangle de manière que le trapèze résultant ait un périmètre donné.

R. (*Voir fig. 5*). Soit ABC le triangle proposé et DE la parallèle à la base BC, telle que le trapèze BCDE ait un périmètre donné; comme

C est fixe, il suffit que BE + ED + DC ait une longueur donnée l ; soient a, b et c les trois côtés du triangle ; j'abaisse du point A la perpendiculaire AIL sur DE et BC ; je désigne par x la longueur AI. Les deux triangles semblables DAE, ABC donnent :

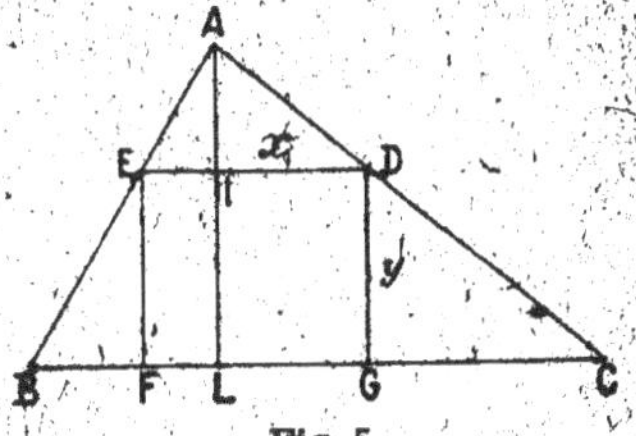

$$\frac{x}{h} = \frac{AE}{c} \qquad AE = \frac{cx}{h} \qquad BE = c - \frac{cx}{h}$$

$$\frac{x}{h} = \frac{AD}{b} \qquad AD = \frac{bx}{h} \qquad DC = b - \frac{bx}{h}$$

$$\frac{x}{h} = \frac{DE}{a} \qquad DE = \frac{ax}{h}$$

Fig. 5.

Puisque :
$$BE + ED + DC = l$$

$$c - \frac{cx}{h} + \frac{ax}{h} + b - \frac{bx}{h} = l$$

D'où :
$$x = \frac{(c + b - l)\, h}{b + c - a}$$

Si $c + b - l > 0$, le point I est entre A et L ;
si $c + b - l < 0$, x est négatif, porté en sens contraire, au delà de A par rapport à L.

180. Résoudre le système d'équations $\begin{cases} x^2 y + y^2 x = 120 \\ \dfrac{1}{x} + \dfrac{1}{y} = \dfrac{8}{15} \end{cases}$

R.
$$x^2 y + y^2 x = 120 \qquad (1)$$

$$\frac{1}{x} + \frac{1}{y} = \frac{8}{15} \qquad (2)$$

L'équation (1) peut s'écrire : $xy\,(x + y) = 120$ $\qquad (3)$

L'équation (2) peut s'écrire : $\dfrac{x + y}{xy} = \dfrac{8}{15}$ $\qquad (4)$

Multiplions membre à membre (3) et (4) :
$$(x + y)^2 = 8^2 \qquad\qquad x + y = \pm 8$$

Divisons membre à membre (3) par (4) :
$$(xy)^2 = 15^2 \qquad\qquad xy = \pm 15$$

Comme le produit $xy\,(x + y)$ est positif (puisqu'il est égal à 120), xy et $x + y$ sont de même signe.

Donc, deux systèmes :

ou bien : $\begin{cases} x + y = 8 \\ xy = 15 \end{cases}$ $\qquad$ ou bien : $\begin{cases} x + y = -8 \\ xy = -15 \end{cases}$

Si $\begin{cases} x + y = 8 \\ xy = 15 \end{cases}$ $x = 3$ $y = 5$, ou inversement.

Si $\begin{cases} x + y = -8 \\ xy = -15 \end{cases}$ $x = -4 + \sqrt{31}$ $y = -4 - \sqrt{31}$

ou inversement.

181. Résoudre le système d'équations $\begin{cases} x^2 y - y^2 x = 30 \\ \dfrac{1}{y} - \dfrac{1}{x} = \dfrac{2}{15} \end{cases}$

R.
$$x^2 y - y^2 x = 30 \qquad (1)$$
$$\frac{1}{y} - \frac{1}{x} = \frac{2}{15} \qquad (2)$$

L'équation (1) peut s'écrire : $xy(x - y) = 30$ (3)

L'équation (2) peut s'écrire : $\dfrac{x - y}{xy} = \dfrac{2}{15}$ (4)

Multiplions membre à membre (3) par (4) :
$$(x - y)^2 = 4 \qquad x - y = \pm 2$$

Divisons membre à membre (3) par (4) :
$$(xy)^2 = 15^2 \qquad xy = \pm 15$$

Mais $xy(x - y)$ est positif (puisqu'il est égal à 30);

Donc, xy et $x - y$ sont de même signe :

ou bien : $\begin{cases} x - y = +2 \\ xy = 15 \end{cases}$ ou bien : $\begin{cases} x - y = -2 \\ xy = -15 \end{cases}$

Si : $\begin{cases} x - y = 2 \\ xy = 15 \end{cases}$ $\begin{cases} x = 5 \\ y = 3 \end{cases}$ ou : $\begin{cases} y = -5 \\ x = -3 \end{cases}$

Si : $\begin{cases} x - y = -2 \\ xy = -15 \end{cases}$ Dans ce cas, il n'y a pas de solution.

Donc, on trouve seulement : $\begin{cases} x = 5 \\ y = 3 \end{cases}$ ou bien : $\begin{cases} y = -5 \\ x = -3 \end{cases}$

182. Résoudre le système d'équations $\begin{cases} x + y = 19 \\ \dfrac{1}{x} + \dfrac{1}{y} = \dfrac{19}{84} \end{cases}$

R.
$$x + y = 19 \qquad (1)$$
$$\frac{1}{x} + \frac{1}{y} = \frac{19}{84} \qquad (2)$$

L'équation (2) peut s'écrire : $\dfrac{x + y}{xy} = \dfrac{19}{84}$

$$\frac{18}{xy} = \frac{19}{84} \qquad\qquad \text{d'où} : xy = 84$$

On a donc : $\begin{cases} x + y = 19 \\ xy = 84 \end{cases}$ $\begin{cases} x = 7 \\ y = 12 \end{cases}$ ou : $\begin{cases} x = 12 \\ y = 7 \end{cases}$

183. Résoudre le système d'équations $\begin{cases} \sqrt{x} + \sqrt{y} = 5 \\ x + y = 13 \end{cases}$

R.
$$\sqrt{x} + \sqrt{y} = 5 \qquad (1)$$
$$x + y = 13 \qquad (2)$$

Devant les deux radicaux, il y a le signe $+$; x et y doivent être positifs.

J'élève au carré les deux membres de l'équation (1) :

$$x + y + 2\sqrt{xy} = 25$$

$$2\sqrt{xy} = 12 \qquad \sqrt{xy} = 6 \qquad xy = 36$$

On a donc : $\begin{cases} x + y = 13 \\ xy = 36 \end{cases}$ $\begin{cases} x = 4 \\ y = 9 \end{cases}$ ou : $\begin{cases} x = 9 \\ y = 4 \end{cases}$

184. Circonscrire à un cercle un trapèze isocèle ayant un périmètre donné.

R. (*Voir fig. 6*). Soit ABCD le trapèze isocèle cherché ; soit $4p$ le périmètre donné

$$DE = DF = EC = CH = x$$
$$FA = AG = GB = BH = y$$
$$4x + 4y = 4p \qquad \text{ou} : x + y = p \quad (1)$$

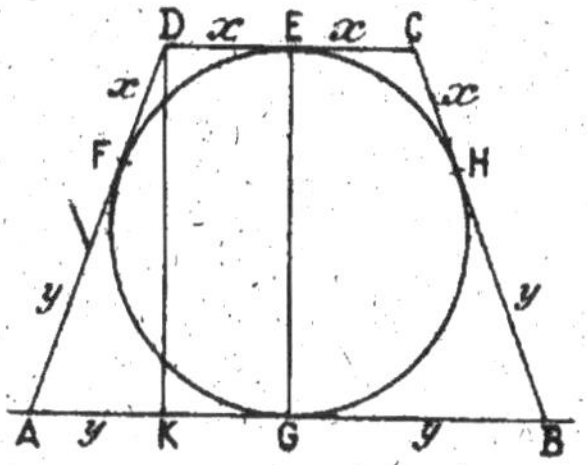

Si j'abaisse du point D la perpendiculaire DK sur AB, le triangle rectangle DAK donne :

$$DA^2 = AK^2 + DK^2.$$
$$(x + y)^2 = (y - x)^2 + 4R^2$$
$$4xy = 4R^2 \qquad xy = R^2 \quad (2)$$

Fig. 6.

On est ramené à un système connu :

$$\begin{cases} x + y = p \qquad (1) \\ xy = R^2 \qquad (2) \end{cases}$$

Pour que le problème soit possible, il faut que :

$$p^2 - 4R^2 \geqslant 0 \qquad\qquad (p + 2R)(p - 2R) \geqslant 0$$

Or :
$$p + 2R \geqslant 0$$

ERNST. — *Corrigé.*

Donc :
$$p - 2R \geqslant 0$$
$$p \geqslant 2R \qquad 4p \geqslant 8R$$

Donc, le périmètre donné doit être supérieur ou au moins égal à 8 fois le rayon.

Si $4p = 8R$, c'est le minimum du périmètre; alors $x = y$, le trapèze est un carré.

185. Circonscrire à un cercle un trapèze isocèle ayant une surface donnée.

R. (*Même fig. 6*). La surface du trapèze est : $\dfrac{2x + 2y}{2} \times 2R$; soit $2\,Rm$ la surface donnée, m étant une longueur.
$$(x + y) \times 2R = 2Rm$$
$$x + y = m \qquad (1)$$

puis, comme précédemment : $xy = R^2$ (2)

On a donc le même système à résoudre.

Pour que le problème soit possible, il faut que :
$$m^2 - 4R^2 \geqslant 0 \qquad (m + 2R)(m - 2R) \geqslant 0$$

Or : $\qquad m + 2R \geqslant 0$

Donc : $\qquad m - 2R \geqslant 0 \qquad m \geqslant 2R \qquad 2Rm \geqslant 4R^2$

Donc, la surface donnée doit être supérieure ou au moins égale à la surface du carré circonscrit à la circonférence.

Si $2Rm = 4R^2$, c'est le minimum de la surface; alors, $x = y$, le trapèze est un carré.

186. Circonscrire à une circonférence un losange ayant un périmètre donné.

R. (*Voir fig. 7*). Soit ABCD le losange circonscrit à la circonférence de centre O; BO est perpendiculaire sur AC; soit E le point de contact de AB avec la circonférence; soit $4p$ le périmètre.
$$BE = BF = DG = DH = x$$
$$AE = AH = GC = CF = y$$

E, F, G, H étant les points de contact.
$$4x + 4y = 4p \qquad x + y = p \qquad (1)$$

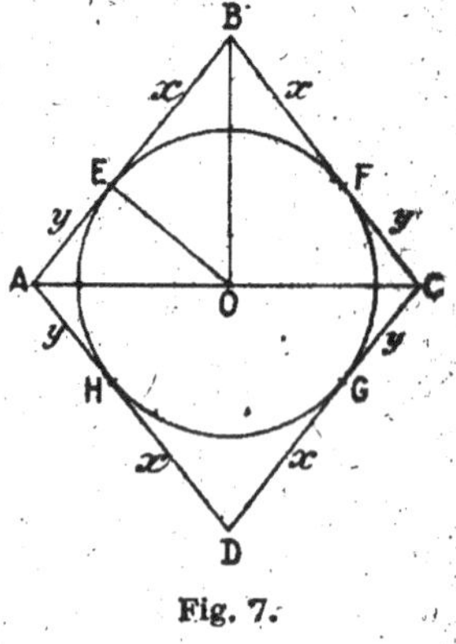

Fig. 7.

Je joins OE; OE est perpendiculaire sur AB; on sait que AOB étant un triangle rectangle :
$$OE^2 = BE \times EA$$

ou : $$xy = R^2 \qquad (2)$$

On a donc le même système qu'au n° 184.

187. Circonscrire à une circonférence un losange ayant une surface donnée.

R. (*Même fig.* 7). L'aire du losange est quatre fois l'aire du triangle AOB, qui a pour base $x + y$ et pour hauteur R ; soit 2Rm la surface donnée :

$$\frac{(x + y)\,R}{2} \times 4 = 2Rm \qquad \text{ou} : x + y = m \qquad (1)$$

puis, comme précédemment :
$$xy = R^2 \qquad (2)$$

On a le même système qu'au n° 185.

188. Circonscrire à un rectangle un rectangle de surface donnée.

R. (*Voir fig.* 8). Soit ABCD le rectangle donné :

$$AB = a ; \qquad BC = b ;$$

soit A′B′C′D′ le rectangle cherché ; les triangles AB′B, CD′D sont égaux ;

$$AB' = CD' = x$$
$$BB' = DD' = y$$

De même, les triangles AA′D, BC′C sont égaux :

$$AA' = CC' = z ; \quad DA' = BC' = u$$

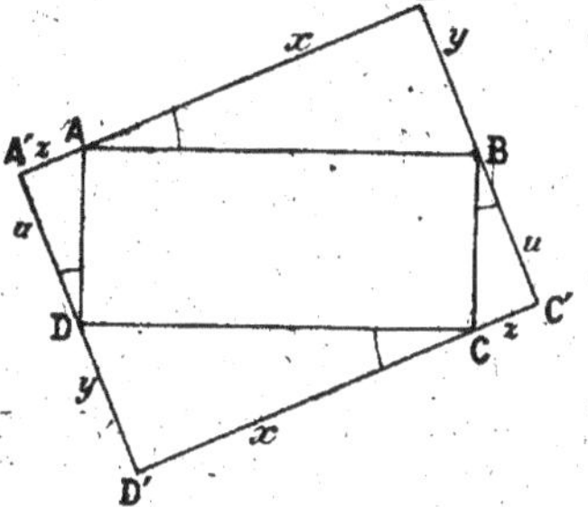

Fig. 8.

L'aire A′B′C′D′ se compose de ABCD et des quatres triangles AA′D, BC′C, AB′B, DD′C, ou deux fois (AA′D + AB′B) ; la surface totale étant donnée, ABCD étant fixe,

$$\text{aire AA'D} + \text{aire AB'B est donné.}$$

$$\frac{uz}{2} + \frac{xy}{2} \text{ est donné, soit} : \frac{m^2}{2}$$

$$uz + xy = m^2 \qquad (1)$$

Les deux triangles AA′D, AB′B sont semblables.

$$\frac{z}{y} = \frac{b}{a} \qquad\qquad \frac{u}{x} = \frac{b}{a}$$

$$z = \frac{by}{a} \qquad\qquad u = \frac{bx}{a} ;$$

remplaçons dans (1) :

$$\frac{b^2 xy}{a^2} + xy = m^2 \qquad xy\,(a^2 + b^2) = a^2\,m^2$$

$$xy = \frac{a^2\,m^2}{a^2 + b^2} \quad (2)$$

Le triangle AB′B donne : $x^2 + y^2 = a^2$ (3)

On est ramené à un système connu ; pour que le problème soit possible, il faut que : $a^2 - \dfrac{4a^2 m^2}{a^2 + b^2} \geqslant 0$

$$a^2 + b^2 - 4m^2 \geqslant 0 \qquad\qquad m^2 \leqslant \frac{a^2 + b^2}{4}$$

Donc quand : $m^2 = \dfrac{a^2 + b^2}{4}$, c'est le maximum ;

Alors : $\qquad\qquad x = y = \dfrac{a\sqrt{2}}{2} \qquad z = u = \dfrac{b\sqrt{2}}{2}$

$$A'B' = z + x, \qquad\qquad A'D' = u + y$$

Donc : A′B′ = A′D′   Donc : A′B′C′D′ est un carré.

189. Inscrire un carré donné dans un carré donné.

R. (*Voir fig. 9*). Soit ABCD le carré donné de côté a; soit A′B′C′D′ le carré cherché de côté b.

$$AB' = BC' = CD' = DA' = x$$
$$BB' = AA' = DD' = CC' = y$$

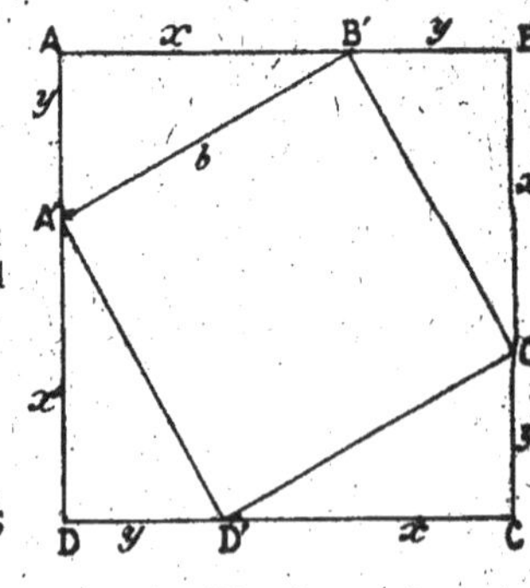

$$\begin{cases} x + y = a & (1) \\ x^2 + y^2 = b & (2) \end{cases}$$

On est ramené à un système connu pour que le problème soit possible, il faut que : $2b^2 - a^2 \geqslant 0$

$$(b\sqrt{2} - a)(b\sqrt{2} + a) \geqslant 0$$

or : $\qquad b\sqrt{2} + a$ est > 0

Donc : $\quad b\sqrt{2} - a \geqslant 0 \qquad b\sqrt{2} \geqslant a$;

Si : $\quad b\sqrt{2} = a, \qquad x = y.$

Fig. 9.

190. Circonscrire à un demi-cercle donné un trapèze de surface donnée.

R. (*Voir fig. 10*). Soit ABCD le trapèze isocèle cherché ; G le point de contact de DC avec le cercle. Soit EF le diamètre, R le rayon; I le point de contact de AD avec le cercle; joignons OI; abaissons de D la perpendiculaire DK sur AB. Posons :

$$DG = x; \quad AO = y.$$

L'aire du trapèze isocèle est :

$$(x + y)\,R.$$

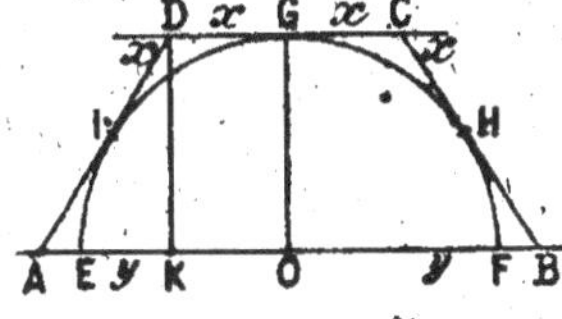

Fig. 10.

Soit Rm la surface donnée :

$$x + y = m \qquad (1)$$

Les deux triangles ADK, AOI sont égaux :

$$AD = AO = y$$

Le triangle DKI donne :

$$y^2 = (y - x)^2 + R^2$$

ou :

$$x^2 - 2xy + R^2 = 0 \qquad (2)$$

On est ramené à un système connu; on peut prendre y dans (1) et porter dans (2).

191. Calculer les côtés d'un triangle rectangle, connaissant le périmètre et l'hypoténuse.

R. Soit a l'hypoténuse; soient x et y les deux côtés de l'angle droit :

$$x + y + a = 2p \qquad x + y = 2p - a \qquad (1)$$
$$x^2 + y^2 = a^2 \qquad (2)$$

On est ramené au système du n° 189.

192. Calculer les côtés d'un triangle rectangle, connaissant le périmètre et la somme des carrés des trois côtés.

R. Soient x, y les côtés de l'angle droit et z l'hypoténuse.

$$\begin{cases} x + y + z = 2p & (1) \\ x^2 + y^2 + z^2 = K^2 & (2) \\ x^2 + y^2 = z^2 & (3) \end{cases}$$

Je remplace $x^2 + y^2$ par z^2 dans (2)

$$2z^2 = K^2 \qquad z = \frac{K\sqrt{2}}{2}$$

$$(1) \text{ devient } \begin{cases} x + y = 2p - \dfrac{K\sqrt{2}}{2} \\[2mm] (3) \text{ devient } \ x^2 + y^2 = \dfrac{K^2}{2} \end{cases}$$

On est ramené au système de l'exercice n° 189.

193. Calculer les côtés d'un triangle rectangle, connaissant l'hypoténuse et la différence des deux côtés de l'angle droit.

R. Soient x et y les deux côtés de l'angle droit, et a l'hypoténuse.

$$\begin{cases} x^2 + y^2 = a^2 & (1) \\ x - y = l & (2) \end{cases}$$

Système connu; on élève au carré les deux membres de (2) :

$$x^2 - 2xy + y^2 = l^2 \qquad (3)$$

On retranche membre à membre de (1) :

$$2xy = a^2 - l^2$$
$$(x + y)^2 = a^2 + a^2 - l^2 = 2a^2 - l^2$$

Pour que le problème soit possible, il faut que :

$$2a^2 - l^2 \geqslant 0 \qquad (a\sqrt{2} + l)(a\sqrt{2} - l) \geqslant 0 \qquad \text{or} : a\sqrt{2} + l > 0$$

donc : $\qquad a\sqrt{2} - l \geqslant 0 \qquad l \leqslant a\sqrt{2}$

Si $l = a\sqrt{2}$, l est maximum, pour une valeur donnée de a.

194. Calculer les côtés d'un triangle rectangle, connaissant l'hypoténuse et la surface.

R. Soient x et y les deux côtés de l'angle droit et a l'hypoténuse; soit $\dfrac{m^2}{2}$ la surface :

$$(1) \qquad \frac{xy}{2} = \frac{m^2}{2} \qquad\qquad \begin{cases} xy = m^2 \\ x^2 + y^2 = a^2 \end{cases}$$

Système connu; pour que le problème soit possible, il faut que :

$$a^2 - 2m^2 \geqslant 0 \qquad m^2 \leqslant \frac{a^2}{2} \qquad \text{ou} : \frac{m^2}{2} \leqslant \frac{a^2}{4};$$

donc, si $\dfrac{m^2}{2}$, c'est-à-dire la surface donnée, est égale à $\dfrac{a^2}{4}$, c'est le maximum de l'aire pour une valeur donnée de a; alors $x = y$; le triangle est isocèle.

195. Calculer les côtés d'un triangle rectangle, connaissant le rayon du cercle inscrit et l'hypoténuse.

R. r étant le rayon du cercle inscrit, a étant l'hypoténuse, $2p$ étant le périmètre, x et y étant les deux côtés de l'angle droit; on sait, par la géométrie, que dans un triangle rectangle :

$$r = p - a \qquad \text{ou} : p = a + r \qquad 2p = 2a + 2r$$
$$x + y + a = 2a + 2r \qquad x + y = a + 2r \qquad (1)$$

D'autre part : $\qquad x^2 + y^2 = a^2$ $\qquad$ (2)

On est ramené à un système connu.

196. Calculer les côtés d'un triangle rectangle, connaissant le rayon du cercle inscrit et le périmètre.

R. Si r et p sont donnés, comme $r = p - a$ $a = p - r$; donc l'hypoténuse est connue ainsi que r ; c'est le problème précédent.

197. Calculer les côtés d'un triangle rectangle, connaissant le rayon du cercle inscrit et la surface.

R. Soient S la surface ; r le rayon du cercle inscrit ; $2p$ le périmètre on sait que :

$$S = pr$$

Donc, p est connu, ainsi que r ; on est ramené au problème précédent.

198. Résoudre $\qquad x^2 - 16x + 63 = 0$

R. $\qquad x' = 7 ; \qquad x'' = 9.$

199. Résoudre $\qquad x^2 + 13x + 40 = 0$

R. $\qquad x' = -8 ; \qquad x'' = -5.$

200. Résoudre $\qquad x^2 + 3x - 28 = 0$

R. $\qquad x' = -7 ; \qquad x'' = 4.$

201. Résoudre $\qquad 3x^2 - 16x + 5 = 0$

R. $\qquad x' = \frac{1}{3} ; \qquad x'' = 5.$

202. Résoudre $\qquad 12x^2 - 17x + 6 = 0$

R. $\qquad x' = \frac{2}{3} ; \qquad x'' = \frac{3}{4}.$

203. Résoudre $\qquad 36x^2 - 84x + 49 = 0$

R. $\qquad x' = x'' = \frac{7}{6}.$

204. Résoudre $\qquad x^2 - x + 1 = 0$

R. Pas de racine.

205. Résoudre $\qquad x^2 + x + 1 = 0$

R. Pas de racine.

206. Résoudre $\qquad \dfrac{3}{x-5} + \dfrac{4}{x-6} = \dfrac{8}{5}$

R. $\qquad x' = 10; \qquad x'' = \dfrac{43}{8}.$

207. Résoudre $\qquad \dfrac{20}{x-5} + 3x = 47$

R. $\qquad x' = 15; \qquad x'' = \dfrac{17}{3}.$

208. Résoudre $\qquad \dfrac{1}{x+1} + \dfrac{1}{x+2} = \dfrac{5}{x+3}$

R. Je réduis au même dénominateur :
$$(x+2)(x+3) + (x+1)(x+3) = 5(x+1)(x+2)$$
$$3x^2 + 6x + 1 = 0$$
$$x' = \frac{-3 - \sqrt{6}}{3} \qquad x'' = \frac{-3 + \sqrt{6}}{3}$$

209. Résoudre $\qquad \dfrac{x+1}{x-1} + \dfrac{x+2}{x-2} + \dfrac{x+3}{x-3} = 3$

R. $\quad (x+1)(x-2)(x-3) + (x+2)(x-1)(x-3)$
$$+ (x+3)(x-1)(x-2) = 3(x-1)(x-2)(x-3)$$

En effectuant, on trouve : $3x^2 - 11x + 9 = 0$
$$x' = \frac{11 - \sqrt{13}}{6} \qquad x'' = \frac{11 + \sqrt{13}}{6}$$

210. Résoudre $\qquad 3x + 5\sqrt{x} = 22$

R. $\qquad 3x + 5\sqrt{x} = 22; \qquad x > 0$
$$5\sqrt{x} = 22 - 3x; \qquad \text{donc} : 22 - 3x > 0 \qquad (1)$$
$$25x = (22 - 3x)^2 = 484 - 132x + 9x^2$$
$$9x^2 - 157x + 484 = 0$$

On trouve deux racines : 4 et $\dfrac{121}{9}$

Or, $x < \dfrac{22}{3}$ d'après (1); donc, le nombre $\dfrac{121}{9}$ ne convient pas; la seule solution acceptable est donc : $x = 4$.

211. Résoudre $\quad 4\sqrt{x} + \dfrac{15}{\sqrt{x}} = 17$

R. En réduisant au même dénominateur :
$$4x + 15 = 17\sqrt{x}; \qquad x > 0$$

Donc : $\qquad\qquad 4x + 15 > 0$

A cette condition, j'élève les deux membres au carré :
$$(4x + 15)^2 = 289x$$
$$16x^2 - 169x + 225 = 0$$

Il y a deux racines; mais la racine 9 est la seule acceptable.

212. Résoudre $\quad 3x - \sqrt{5x - 14} = 14$

R. $\qquad 3x - \sqrt{5x - 14} = 14 \qquad\qquad 5x - 14 > 0$
$$3x - 14 = + \sqrt{5x - 14}$$

Donc : $\quad 3x - 14 > 0 \quad (1); \qquad$ à cette condition,
$$(3x - 14)^2 = 5x - 14$$
$$9x^2 - 84x + 196 = 5x - 14$$
$$9x^2 - 89x + 210 = 0$$

On trouve deux racines : $\quad \dfrac{35}{9}$ et 6

le nombre 6 convient seul à cause de l'inégalité (1) qui doit être satisfaite :
$$x = 6$$

213. Résoudre $\quad x^2 - 5x - \sqrt{x^2 - 5x + 22} = -2$

R. $\qquad x^2 - 5x + 2 = + \sqrt{x^2 - 5x + 22}$

Donc : $x^2 - 5x + 2 > 0 \quad (1) \qquad$ alors : $x^2 - 5x + 22 > 0$

Je pose : $\qquad\qquad x^2 - 5x + 2 = y$
$$y = \sqrt{y + 20}$$
$$y^2 = y + 20; \qquad y^2 - y - 20 = 0$$

La racine positive convient seule, puisque y doit être positif; la racine positive est : 5.

$$x^2 - 5x + 2 = 5$$

$$x^2 - 5x - 3 = 0 \qquad x' = \frac{5 - \sqrt{37}}{2} \qquad x'' = \frac{5 + \sqrt{37}}{2}.$$

214. Résoudre $\sqrt{x+1} + \sqrt{x+6} = \sqrt{x+22}$

R. $x + 1 > 0$ (1); alors $x + 6$, et $x + 22$ seront à plus forte raison positifs.

J'élève au carré les deux membres de l'équation :

$$2\sqrt{x^2 + 7x + 6} = 15 - x \qquad 15 - x > 0 \qquad x < 15$$

$$4(x^2 + 7x + 6) = (15 - x)^2$$

$$3x^2 + 58x - 204 = 0$$

$$x' = -\frac{67}{3}; \qquad x'' = 3$$

D'après (1), la racine $-\frac{67}{3}$ ne convient pas; le nombre 3 tel que : $x + 1 > 0$, et $15 - x > 0$, convient seul : $\qquad x = 3.$

215. Résoudre $x^3 - y^3 = 7(x - y), \qquad x^3 + y^3 = 3(x + y)$

R.
$$\begin{cases} x^3 - y^3 = 7(x - y) & (1) \\ x^3 + y^3 = 3(x + y) & (2) \end{cases}$$

L'équation (1) peut s'écrire : $(x - y)(x^2 + xy + y^2) = 7(x - y)$

ou : $\qquad (x - y)(x^2 + xy + y^2 - 7) = 0 \qquad (3)$

L'équation (2) peut s'écrire : $(x + y)(x^2 - xy + y^2) = 3(x + y)$

ou : $\qquad (x + y)(x^2 - xy + y^2 - 3) = 0 \qquad (4)$

L'équation (3) se décompose donc en : $x - y = 0$

et : $\qquad x^2 + xy + y^2 - 7 = 0$

L'équation (4) se décompose donc en : $(x + y) = 0$

et : $\qquad x^2 - xy + y^2 - 3 = 0$

On a donc les systèmes :

$$\begin{array}{ll} x - y = 0 \\ x + y = 0 \end{array} \Big\} (A) \qquad \begin{array}{ll} x - y = 0 \\ x^2 - xy + y^2 = 3 \end{array} \Big\} (B)$$

$$\begin{array}{ll} x^2 + xy + y^2 = 7 \\ x + y = 0 \end{array} \Big\} (C) \qquad \begin{array}{ll} x^2 + xy + y^2 = 7 \\ x^2 - xy + y^2 = 3 \end{array} \Big\} (D)$$

1° Système (A) $\qquad$ On déduit : $x = 0 ; y = 0$

2° Système (B) Puisque $x = y$, la deuxième équation de ce système peut s'écrire : $x^2 - x^2 + x^2 = 3$

$x^2 = 3$, $x = +\sqrt{3}$ avec $y = +\sqrt{3}$, ou bien : $x = -\sqrt{3}$ avec $y = -\sqrt{3}$.

3° Système (C) Puisque $y = -x$, la première équation de ce système peut s'écrire :

$$x^2 - x^2 + x^2 = 7 \qquad ou : x^2 = 7$$
$$x = +\sqrt{7} \quad avec\ y = -\sqrt{7},$$

ou bien : $$x = -\sqrt{7} \quad avec\ y = +\sqrt{7}$$

4° Système (D) $$x^2 + xy + y^2 = 7 \qquad (5)$$
$$x^2 - xy + y^2 = 3 \qquad (6)$$

J'ajoute membre à membre les deux équations (5) et (6) :

$$2(x^2 + y^2) = 10 \qquad x^2 + y^2 = 5 \qquad (7)$$

Je retranche membre à membre l'équation (6) de l'équation (5) :

$$2xy = 4 \qquad (8)$$

Je suis donc ramené à résoudre un système connu :

$$\begin{cases} x^2 + y^2 = 5 & (7) \\ 2xy = 4 & (8) \end{cases} \quad \begin{array}{l} \text{J'ajoute membre à membre :} \\ (x+y)^2 = 9 \qquad x + y = \pm 3 \end{array}$$

Je retranche membre à membre (8) de (7) : $(x-y)^2 = 1$; $x - y = \pm 1$.

Donc, j'ai les systèmes :

$$\begin{cases} x + y = 3 \\ x - y = 1 \end{cases} \quad \Big\{ \text{Ce qui donne : } x = 2 ; y = 1.$$

$$\begin{cases} x + y = 3 \\ x - y = -1 \end{cases} \quad \Big\{ \text{Ce qui donne : } x = 1 ; y = 2.$$

$$\begin{cases} x + y = -3 \\ x - y = 1 \end{cases} \quad \Big\{ \text{Ce qui donne : } x = -1 ; y = -2.$$

$$\begin{cases} x + y = -3 \\ x - y = -1 \end{cases} \quad \Big\{ \text{Ce qui donne : } x = -2 ; y = -1.$$

En résumé, on a les solutions suivantes :

$$1° \begin{cases} x = 0 \\ y = 0 \end{cases} \qquad 2° \begin{cases} x = +\sqrt{3} \\ y = +\sqrt{3} \end{cases} \qquad 3° \begin{cases} x = -\sqrt{3} \\ y = -\sqrt{3} \end{cases}$$

$$4° \begin{cases} x = +\sqrt{7} \\ y = -\sqrt{7} \end{cases} \qquad 5° \begin{cases} x = -\sqrt{7} \\ y = +\sqrt{7} \end{cases} \qquad 6° \begin{cases} x = 2 \\ y = 1 \end{cases}$$

$$7° \begin{cases} x = 1 \\ y = 2 \end{cases} \qquad 8° \begin{cases} x = -1 \\ y = -2 \end{cases} \qquad 9° \begin{cases} x = -2 \\ y = -1 \end{cases}$$

Remarque. — Ces résultats s'expliquent par le fait que les équations ne changent pas si on remplace x par y et y par x.

216. Résoudre $x^3 - y^3 = 26 \qquad x^2 + xy + y^2 = 13$

R.
$$\begin{cases} x^3 - y^3 = 26 & (1) \\ x^2 + xy + y^2 = 13 & (2) \end{cases}$$

L'équation (1) peut s'écrire : $(x - y)(x^2 + xy + y^2) = 26$.

Or : $\qquad x^2 + xy + y^2 = 13$

Donc l'équation (1) devient : $(x - y) \times 13 = 26$.

$x - y = 2$; $\qquad$ on a donc le système :
$$\begin{cases} x - y = 2 & (3) \\ x^2 + xy + y^2 = 13 & (2) \end{cases}$$

J'élève au carré les deux membres de l'équation (3) :
$$x^2 - 2xy + y^2 = 4$$

Je retranche membre à membre de (2) :
$$3xy = 9 \qquad xy = 3 \qquad (4)$$

Enfin, j'ajoute membre à membre (2) et (4) :
$$x^2 + 2xy + y^2 = 16 \quad (x + y)^2 = 16 \quad x + y = \pm 4$$

On a donc les deux systèmes :
$$\left. \begin{cases} x - y = 2 \\ x + y = 4 \end{cases} \right\} \text{ Ce qui donne : } x = 3, \; y = 1 ;$$

ou bien : $\left. \begin{cases} x - y = 2 \\ x + y = -4 \end{cases} \right\}$ Ce qui donne : $x = -1, \; y = -3$.

Remarque. — Ces résultats s'expliquent, car les équations ne changent pas quand on remplace x par $-y$ et y par $-x$.

217. Résoudre $x^4 + y^4 = 17 \qquad x + y = 3$

R.
$$\begin{cases} x^4 + y^4 = 17 & (1) \\ x + y = 3 & (2) \end{cases}$$

J'élève à la quatrième puissance les deux membres de l'équation (2) :
$$x^4 + 4x^3y + 6x^2y^2 + 4xy^3 + y^4 = 81 \qquad (3)$$

Je retranche membre à membre (1) de (3) :
$$4x^3y + 6x^2y^2 + 4xy^3 = 81 - 17 = 64$$

ou :
$$2x^3y + 3x^2y^2 + 2xy^3 = 32 \qquad (4)$$

Cette équation peut s'écrire en groupant le premier et le troisième terme du premier membre :
$$2xy(x^2 + y^2) + 3x^2y^2 = 32 \qquad (5)$$

En élevant au carré les deux membres de l'équation (2) :

$$x^2 + 2xy + y^2 = 9 \qquad \text{ou} : x^2 + y^2 = 9 - 2xy$$

Je remplace $x^2 + y^2$ par $9 - 2xy$ dans l'équation (5) :

$$2xy(9 - 2xy) + 3x^2y^2 = 32$$

ou :

$$x^2y^2 - 18xy + 32 = 0$$

Équation du second degré en xy.
Les deux racines sont : 2 et 16.
On a donc les deux systèmes :

$$\begin{cases} x + y = 3 \\ xy = 2 \end{cases} \text{(A)} \qquad \text{Ce qui donne} : x = 1 ; y = 2$$
$$\text{ou b en} : x = 2 ; y = 1$$

$$\begin{cases} x + y = 3 \\ xy = 16 \end{cases} \text{(B) Ce système n'a pas de solution.}$$

REMARQUE. — On voit que les équations proposées ne changent pas si on remplace x par y et y par x.

218. Résoudre $x^5 + y^5 = 244 \qquad x + y = 4$

R.
$$\begin{cases} x^5 + y^5 = 244 & (1) \\ x + y = 4 & (2) \end{cases}$$

J'élève à la cinquième puissance les deux membres de l'équation (2) :

$$x^5 + 5x^4y + 10x^3y^2 + 10x^2y^3 + 5xy^4 + y^5 = 1024 \qquad (3)$$

Je retranche membre à membre (1) de (3) :

$$5x^4y + 10x^3y^2 + 10x^2y^3 + 5xy^4 = 780$$

Je divise les deux membres par 5 :

$$x^4y + 2x^3y^2 + 2x^2y^3 + xy^4 = 156$$

Je groupe le premier terme et le dernier ; je groupe le deuxième terme et l'avant-dernier :

$$xy(x^3 + y^3) + 2x^2y^2(x + y) = 156 \qquad (4)$$

J'élève au cube les deux membres de l'équation (2) :

$$x^3 + 3x^2y + 3xy^2 + y^3 = 64$$

ou :

$$x^3 + y^3 + 3xy(x + y) = 64$$
$$x^3 + y^3 = 64 - 3xy(x + y) = 64 - 3xy \times 4 = 64 - 12xy$$

Je remplace $x + y$ et $x^3 + y^3$ par leurs valeurs dans (4) et j'ai :

$$xy(64 - 12xy) + 2x^2y^2 \times 4 = 156$$
$$x^2y^2 - 16xy + 39 = 0.$$

Équation du second degré en xy,

$$\text{ou bien} : xy = 3 \qquad \text{ou bien} : xy = 13.$$

On a donc les deux systèmes :

$$\begin{cases} x + y = 4 \\ xy = 3 \end{cases} \quad (A) \qquad \text{Ce qui donne} : x = 1 \text{ avec } y = 3 \\ \text{ou bien} : x = 3 \text{ avec } y = 1$$

$$\begin{cases} x + y = 4 \\ xy = 13 \end{cases} \quad (B) \qquad \text{Ce système n'a pas de solution.}$$

Remarque. — On voit que les équations ne changent pas si on change x en y et y en x.

219. En désignant par x' et par x'' les deux racines de l'équation

$$ax^2 + bx + c = 0$$

calculer $x'^2 + x''^2$, calculer $\dfrac{1}{x'} + \dfrac{1}{x''}$ et calculer $\dfrac{1}{x'^2} + \dfrac{1}{x''^2}$

R.   1° $$x'^2 + 2x''^2 = (x' + x'')^2 - x'x'' = \frac{b^2}{a^2} - 2\frac{c}{a}$$

2° $$\frac{1}{x'} + \frac{1}{x''} = \frac{x' + x''}{x'x''} = \frac{\left(-\dfrac{b}{a}\right)}{\left(\dfrac{c}{a}\right)} = -\frac{b}{c}$$

3° $$\frac{1}{x'^2} + \frac{1}{x''^2} = \frac{x'^2 + x''^2}{x'^2 x''^2} = \frac{\left(\dfrac{b^2 - 2ac}{a^2}\right)}{\left(\dfrac{c^2}{a^2}\right)} = \frac{b^2 - 2ac}{c^2}$$

220. Former l'équation qui aurait pour racines $\dfrac{1}{x'}$ et $\dfrac{1}{x''}$.

R. Soit $Ax^2 + Bx + C = 0$ l'équation cherchée ; la somme des racines de cette équation doit être :

$$\frac{1}{x'} + \frac{1}{x''} = -\frac{B}{A} = \frac{x' + x''}{x'x''} = \frac{-b}{c} \qquad \text{Donc} : \frac{B}{A} = \frac{b}{c}$$

Le produit des racines sera : $\dfrac{1}{x'} \times \dfrac{1}{x''} = \dfrac{1}{x'x''} = \dfrac{a}{c} = \dfrac{C}{A}$.

$$\frac{A}{c} = \frac{B}{b} = \frac{C}{a}$$

L'équation sera donc : $cx^2 + bx + a = 0$.
Ce qui est évident *a priori* ; il suffit, dans l'équation proposée, de remplacer x par $\dfrac{1}{x}$; c'est ce que l'on appelle la *transformée* en $\dfrac{1}{x}$.

221. Former l'équation qui aurait pour racines x'^2 et x''^2.

R. Soit $Ax^2 + Bx + C = 0$ l'équation cherchée ;

les deux racines étant : $\qquad x'^2$ et x''^2

la somme des racines sera : $\qquad x'^2 + x''^2 = -\dfrac{B}{A} = \dfrac{b^2 - 2ac}{c^2},$

le produit des racines sera : $\qquad x'^2 \times x''^2 = \dfrac{C}{A} = \dfrac{c^2}{a^2}.$

Donc : $\qquad \dfrac{A}{a^2} = \dfrac{B}{-(b^2 - 2ac)} = \dfrac{C}{c^2}$

L'équation sera donc :

$$a^2 x^2 - (b^2 - 2ac)\,x + c^2 = 0.$$

222. Calculer $x'^3 + x''^3$.

R. $\qquad x'^3 + x''^3 = (x' + x'')^3 - 3x'x''\,(x' + x'')$

Donc : $\qquad x'^3 + x''^3 = \left(-\dfrac{b}{a}\right)^3 - 3\dfrac{c}{a}\left(-\dfrac{b}{a}\right) = \dfrac{-b^3}{a^3} + \dfrac{3\,bc}{a^3}$

ou : $\qquad x'^3 + x''^3 = \dfrac{b\,(3ac - b^2)}{a^3}$

223. Quelle relation doit exister entre les coefficients pour que $x' = 2x''$?

R. Soit $ax^2 + bx + c = 0$ l'équation proposée ;
les relations entre les coefficients et les racines sont :

$$x' + x'' = -\frac{b}{a} \qquad (1)$$

$$x'x'' = \frac{c}{a} \qquad (2) \qquad\qquad \text{avec la relation supplémentaire :}$$

$$x' = 2x'' \qquad (3)$$

Je remplace x' par $2x''$ dans (1) et (2) :

$$\begin{cases} 3x'' = -\dfrac{b}{a} \\[2mm] 2x''^2 = \dfrac{c}{a} \end{cases}$$

J'élève au carré les deux membres de la première égalité et je divise membre à membre :

$$\frac{9}{2} = \frac{b^2}{ac} \qquad\qquad \text{Donc : } 2b^2 - 9ac = 0.$$

224. Former l'équation qui aurait pour racines $x' + 1$ et $x'' + 1$.

R. Soit $Ax^2 + Bx + C = 0$ l'équation cherchée ; la somme des racines est :
$$x' + 1 + x'' + 1 = x' + x'' + 2$$

donc :
$$-\frac{b}{a} + 2 = -\frac{B}{A} = \frac{2a - b}{a}$$

le produit des racines est : $(x' + 1)(x'' + 1)$

ou :
$$x'x'' + x' + x'' + 1$$

ou :
$$\frac{c}{a} - \frac{b}{a} + 1 = \frac{C}{A} = \frac{a + c - b}{a}$$

$$\frac{A}{a} = \frac{B}{-(2a - b)} = \frac{C}{a + c - b}$$

L'équation sera donc : $ax^2 - (2a - b)\, x + a + c - b = 0.$

225. Déterminer p dans l'équation $x^2 - px + 12 = 0$ de façon que $2x' + 5x'' = 34$.

R.
$$x' + x'' = p \qquad (1)$$
$$x'x'' = 12 \qquad (2)$$
$$2x' + 5x'' = 34 \qquad (3)$$

Puisque
$$2x' + 2x'' = 2p,$$

la troisième égalité peut s'écrire :
$$2p + 3x'' = 34 \qquad x'' = \frac{34 - 2p}{3}$$

$$x' = p - x'' = p - \frac{34 - 2p}{3} = \frac{5p - 34}{3} ;$$

enfin, je remplace x' et x'' par leurs valeurs dans (2) :
$$\frac{34 - 2p}{3} \times \frac{5p - 34}{3} = 12$$

ou : $5p^2 - 119p + 632 = 0;$ $p = 8;$ $p = 15,8.$

Il est indispensable de voir si les deux valeurs de p conviennent.

Si $p = 8$, l'équation est : $x^2 - 8x + 12 = 0$; les racines 2 et 6 ne vérifient pas la relation imposée.

Si $p = 15,8$, l'équation est : $x^2 - 15,8x + 12 = 0$; les deux racines 0,8 et 15 vérifient la relation imposée; donc, p n'a qu'une valeur qui convient :
$$p = 15,8$$

226. Condition pour que les deux équations $x^2 + px + q = 0$ et $x^2 + p'x + q' = 0$ aient une racine commune.

R. Soient
$$x^2 + px + q = 0 \qquad (1)$$
$$x^2 + p'x + q' = 0 \qquad (2)$$

les deux équations. Par hypothèse, une même valeur de x vérifie les deux équations. Cette valeur n'est pas 0, car il faudrait que $q = q' = 0$, ce qu'on suppose ne pas être.

Je retranche membre à membre les deux équations :

$$x (p - p') + q - q' = 0 \quad \text{ou} : x (p - p') = - (q - q') \quad (3)$$

Je multiplie les deux membres de la première équation par q' et je multiplie les deux membres de la deuxième équation par q, puis je retranche membre à membre :

$$(q' - q) x^2 + (pq' - qp') x = 0$$

ou, en divisant par x qui n'est pas nul par hypothèse :

$$(q' - q) x + pq' - qp' = 0 \quad \text{ou} : (q' - q) x = - (pq' - qp') \quad (4)$$

En divisant membre à membre (3) par (4) :

$$\frac{p - p'}{q' - q} = \frac{q - q'}{pq' - qp'} \quad \text{ou} : (q - q')^2 = (p' - p) (pq' - qp').$$

C'est la relation cherchée.

227. Condition pour que les deux équations $ax^2 + bx + c = 0$ et $a'x^2 + b'x + c' = 0$ aient une racine commune.

R. Je divise les deux membres de la première équation par a, les deux membres de la deuxième équation par a' :

$$x^2 + \frac{b}{a} x + \frac{c}{a} = 0$$

$$x^2 + \frac{b'}{a'} x + \frac{c'}{a'} = 0$$

Je pose $\quad \frac{b}{a} = p; \quad \frac{c}{a} = q; \quad \frac{b'}{a'} = p'; \quad \frac{c'}{a'} = q'$

et je suis ramené à l'exercice précédent.

228. Résoudre $x^2 - 3xy + 2y^2 = 4$, $\quad 2x + 5y = 19$.

R.
$$x^2 - 3xy + 2y^2 = 4 \qquad (1)$$
$$2x + 5y = 19 \qquad (2)$$

De l'équation (2), je tire : $\quad y = \dfrac{19 - 2x}{5} \qquad (3)$,

je remplace dans l'équation (1) et j'ai :

$$x^2 - 3x \frac{19 - 2x}{5} + 2 \left(\frac{19 - 2x}{5}\right)^2 = 4$$

En faisant les calculs, on trouve :

$$63x^2 - 437x + 622 = 0$$

Ernest. — *Corrigé.* 6.

l'une des racines est 2; l'autre est $\frac{311}{63}$; on remplace x dans (3) et on a les valeurs correspondantes de y :

$$x = 2 \qquad x = \frac{311}{63}$$

$$y = 3 \qquad y = \frac{19 \times 63 - 622}{5 \times 63} \qquad \text{Faire le calcul.}$$

229. Résoudre $xy = 16$, $\quad 3x^2 + y^2 = 76$.

(On pose $y = zx$ et on remplace y par zx dans les deux équations, puis on divise membre à membre.)

R.
$$xy = 16 \qquad (1)$$
$$3x^2 + y^2 = 76 \qquad (2)$$

Je pose : $\qquad y = zx$

La première équation devient : $zx^2 = 16 \qquad (3)$

La deuxième équation devient : $x^2(3 + z^2) = 76 \qquad (4)$

Je divise membre à membre (3) par (4) :

$$\frac{z}{3 + z^2} = \frac{16}{76}$$

$$4z^2 - 19z + 12 = 0 \qquad (5)$$

Cette équation a pour racines :

$$z' = \frac{3}{4} \qquad z'' = 4$$

Je remplace z par $\frac{3}{4}$ dans (3) :

$$\frac{3}{4} \times x^2 = 16 \qquad x^2 = \frac{64}{3} \qquad x = \pm \frac{8}{\sqrt{3}}$$

Si $z = \frac{3}{4}$ et $x = \pm \frac{8}{\sqrt{3}}$, comme $y = zx$:

$$y = \frac{3}{4} \times \frac{8}{\sqrt{3}} \qquad \text{ou} : \frac{6}{\sqrt{3}}$$

Si $z = \frac{3}{4}$ et $x = -\frac{8}{\sqrt{3}}$, comme $y = zx$:

$$y = \frac{3}{4} \times \left(-\frac{8}{\sqrt{3}}\right) \qquad \text{ou} : -\frac{6}{\sqrt{3}}$$

Si $z = 4$, en portant dans (3) :
$$4 \times x^2 = 16; \qquad x^2 = 4; \qquad x = \pm 2.$$

Si $z = 4$ et $x = +2$, comme $y = zx$, $y = 4 \times 2$ ou : 8

Si $z = 4$ et $x = -2$, comme $y = zx$, $y = 4 \times (-2)$ ou : -8

On trouve donc,

ou bien : $\qquad x = \dfrac{8}{\sqrt{3}} \qquad$ avec $y = \dfrac{6}{\sqrt{3}}$

ou bien : $\qquad x = -\dfrac{8}{\sqrt{3}} \qquad$ avec $y = -\dfrac{6}{\sqrt{3}}$

ou bien : $\qquad x = +2 \qquad$ avec $y = 8$

ou bien : $\qquad x = -2 \qquad$ avec $y = -8$.

230. Résoudre $2x^2 - 5xy + 8y^2 = 59$, $x^2 + y^2 = 10$.

R.
$$2x^2 - 5xy + 8y^2 = 59 \qquad (1)$$
$$x^2 + y^2 \qquad\quad = 10 \qquad (2)$$

Je pose : $y = zx$; l'équation (1) devient :
$$2x^2 - 5zx^2 + 8z^2x^2 = 59$$
ou :
$$x^2 (2 - 5z + 8z^2) = 59 \qquad (3)$$

L'équation (2) devient :
$$x^2 + z^2x^2 = 10$$
ou :
$$x^2 (1 + z^2) = 10 \qquad (4)$$

Je divise (3) par (4) membre à membre :
$$\frac{2 - 5z + 8z^2}{1 + z^2} = \frac{59}{10}$$
$$21 z^2 - 50z - 39 = 0 \qquad (5)$$

Les deux racines sont : $-\dfrac{13}{21}$ et : $+3$.

Je remplace z par $-\dfrac{13}{21}$ dans (4) :

$$x^2 \left(1 + \frac{169}{441} \right) = 10 \qquad 6x^2 = 441 \qquad x^2 = \frac{441}{6} \qquad x = \pm \frac{21}{\sqrt{6}}$$

Si : $z = -\dfrac{13}{21}$ et $x = +\dfrac{21}{\sqrt{6}}$, $\qquad y = -\dfrac{13}{\sqrt{6}}$

Si : $z = -\dfrac{13}{21}$ et $x = -\dfrac{21}{\sqrt{6}}$, $\qquad y = +\dfrac{13}{\sqrt{6}}$

Je remplace z par $+3$ dans (4) :

$$x^2(1+9)=10 \qquad x^2=1 \qquad x=\pm 1$$

Si $\qquad z=4$ et $x=+1, \qquad y=+4$

Si $\qquad z=4$ et $x=-1, \qquad y=-4$

Remarque. — On voit que les équations (1) et (2) ne changent pas si on remplace x par $-x$ et y par $-y$.

231. Résoudre $x^2+xy+y^2=21,\quad 2x^2+3y^2=50.$

R. Mêmes calculs; les deux racines de l'équation en z qui est :

$$13z^2-50z-8=0$$

sont : $\qquad z'=-\dfrac{2}{13}, \quad z''=4$

pour $\qquad z=-\dfrac{2}{13} \qquad x=\pm\dfrac{13}{\sqrt{3}} \qquad$ d'après $x^2(2+3z^2)=50$

Si $\qquad z=-\dfrac{2}{13} \qquad$ et $x=+\dfrac{13}{\sqrt{3}}, \quad y=-\dfrac{2}{\sqrt{3}}$

Si $\qquad z=-\dfrac{2}{13} \qquad$ et $x=-\dfrac{13}{\sqrt{3}}, \quad y=+\dfrac{2}{\sqrt{3}}$

pour $\qquad z=4,\ x=\pm 1,$ d'après $x^2(2+3z^2)=50$

Si $\qquad z=4$ et $x=+1,\ y=+4$

Si $\qquad z=4$ et $x=-1,\ y=-4$

232. Résoudre $x^2-xy+y^2=8,\quad 2x^2-3xy+5y^2=38.$

R. Mêmes calculs.

L'équation en z est $z^2+7z-11=0.$

On remplace comme dans les exercices précédents.

233. 1° Résoudre le système

$$\begin{aligned}2x+3y+2z&=0\\ 3x+2y+z&=1-m\\ x+y+z&=2m+3\end{aligned}$$

2° Les solutions $x,\ y,\ z$ de ce système étant prises pour coefficients de l'équation

$$xu^2+yu+z=0$$

quelle valeur doit-on attribuer à m pour que l'une des

racines u' soit double de l'autre u' ? Valeurs correspondantes de x, y, z, u.

R. Du système des trois équations données en x, y, z, on tire :

$$x = \frac{m+4}{2}; \quad y = -(4m+6); \quad z = \frac{11m+14}{2}$$

Soient u' et u'' les deux racines de l'équation en u :

$$\begin{cases} u' + u'' = -\dfrac{y}{x} \\[2mm] u'u'' = \dfrac{z}{x} \\[2mm] 2u' = u'' \end{cases}$$

d'où, en éliminant u' et u'' entre ces trois équations, comme on l'a fait précédemment :

$$\frac{9}{2} = \frac{y^2}{zx} \quad \text{ou} : 2y^2 - 9zx = 0$$

Je remplace x, y, z par les valeurs indiquées précédemment :

$$2(4m+6)^2 - 9\left(\frac{11m+14}{2}\right)\left(\frac{m+4}{2}\right) = 0$$

équation qui donne la valeur de m cherchée :
$$29m^2 - 138m - 216 = 0$$

Connaissant m, on remplace m par sa valeur pour calculer x, y, z.

234. Trouver deux nombres ayant pour somme 960 et pour produit 228096. On suppose que ces deux nombres représentent deux capitaux placés à intérêts simples, le plus grand au taux de 4 0/0 par an et le plus petit au taux de 5 0/0 par an. A quel taux unique faudrait-il placer la somme des deux capitaux pour obtenir le même intérêt qu'en les plaçant séparément ?

R. Les deux nombres que l'on trouve par des procédés indiqués précédemment (trouver deux nombres, connaissant leur somme et leur produit) sont 432 et 528. Soit x le taux cherché :

$$\frac{528 \times 4}{100} + \frac{432 \times 5}{100} = \frac{960 \times x}{100}$$

D'où : $x = 4,45$; le taux est 4 fr. 45 p. 100.

235. Trouver deux nombres entiers consécutifs, sachant que leur produit est égal à 3306.

R. Soient x et $x + 1$ les deux nombres cherchés; x est entier et positif :

$$x(x+1) = 3306$$
$$x^2 + x - 3306 = 0$$

Il y a une racine positive et une racine négative; la racine positive *seule* convient :

$$x = \frac{-1 + \sqrt{1 + 13224}}{2} = 57$$

Les deux nombres cherchés sont : 57 et 58.

236. Un marchand vend une pièce de drap pour 300 francs et une autre qui a 5 mètres de plus pour 420 francs; s'il avait vendu la première au prix de la seconde et la seconde au prix de la première, il aurait vendu le tout 710 francs. Combien la première pièce a-t-elle de mètres et quel est le prix du mètre de chaque pièce?

R. Soit x le nombre de mètres de la première qualité, le nombre de mètres de la seconde sera $x + 5$. Soit y le prix de la première qualité, z le prix de la deuxième :

$$x \times y = 300 \qquad (1)$$
$$(x + 5) z = 420 \qquad (2)$$
$$x \times z + (x + 5) y = 710 \qquad (3)$$

De (1), je tire : $y = \dfrac{300}{x}$; de (2), je tire : $z = \dfrac{420}{x+5}$; alors l'équation (3) devient :

$$x \times \frac{420}{x+5} + (x+5) \times \frac{300}{x} = 710$$
$$42x^2 + 30(x+5)^2 = 71x(x+5)$$
$$x^2 - 55x + 750 = 0$$
$$x' = 25, \qquad x'' = 30$$

Si $\qquad x = 25, \qquad y = 12 \qquad$ et $z = 14.$

Si $\qquad x = 30, \qquad y = 10 \qquad$ et $z = 12.$

Première solution : $\begin{cases} 25 \text{ mètres de la première étoffe à 12 francs;} \\ 30 \text{ mètres de la deuxième étoffe à 14 francs.} \end{cases}$

Deuxième solution : $\begin{cases} 30 \text{ mètres de la première étoffe à 10 francs;} \\ 35 \text{ mètres de la deuxième étoffe à 12 francs.} \end{cases}$

237. Un marchand vend une pièce d'étoffe 119 francs; il gagne autant pour 100 que l'étoffe lui a coûté de francs; combien a-t-il payé la pièce?

R. Soit x le prix de l'étoffe, il gagne donc x p. 100; donc, sur le prix d'achat qui est x, il gagne $\dfrac{x^2}{100}$; on a donc :

$$x + \frac{x^2}{100} = 119$$

$$x^2 + 100x - 11\,900 = 0.$$

La racine positive *seule* convient ici, d'après la nature de la question

$$x = 70 \text{ francs.}$$

238. Une somme de 60 francs doit être partagée entre plusieurs pauvres. Deux des pauvres ont disparu; il revient alors 1 franc de plus à chacun de ceux qui restent. Combien y a-t-il de pauvres?

R. Soit x le nombre des pauvres; la somme à partager étant 60 francs, chacun d'eux a $\dfrac{60}{x}$.

S'il y en a deux de moins, chacun d'eux a :

$$\frac{60}{x-2} \qquad \frac{60}{x-2} = \frac{60}{x} + 1$$

$$x^2 - 2x - 120 = 0$$

La racine positive *seule* convient, d'après la nature de la question :

$$x = 12 \text{ pauvres.}$$

239. Inscrire dans un demi-cercle un rectangle de surface donnée.

R. (*Voir fig. 11*). Soit CDEF le rectangle inscrit dans le demi-cercle de rayon R; posons : CD $= 2x$, DE $= y$; j'abaisse du centre O la perpendiculaire sur CD; le point I est le milieu de CD; donc : DI $=$ OE $= x$.

L'aire du rectangle est CD $\times$ DE ou $2x \times y = 2xy$.

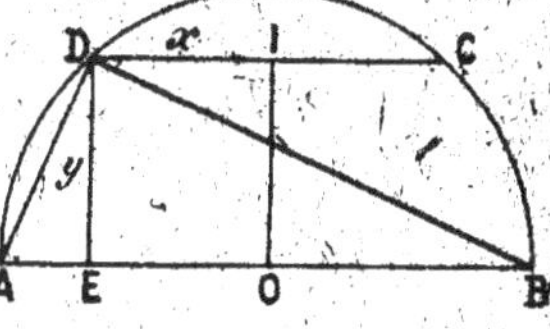

Fig. 11.

Soit m^2 la surface donnée :

$$2xy = m^2 \qquad (1)$$

Joignons OD.

Le triangle rectangle ODE donne :

$$x^2 + y^2 = R^2 \qquad (2)$$

On est ramené à un système connu.

En ajoutant membre à membre :

$$(x + y)^2 = R^2 + m^2 \qquad \text{D'où} : x + y = + \sqrt{R^2 + m^2}$$

En retranchant membre à membre :

$$(x - y)^2 = R^2 - m^2 \qquad \text{D'où} : x - y = \pm \sqrt{R^2 - m^2}$$

Ce qui donne x et y :

$$x = \frac{\sqrt{R^2 + m^2} + \sqrt{R^2 - m^2}}{2} \qquad y = \frac{\sqrt{R^2 + m^2} - \sqrt{R^2 - m^2}}{2}$$

ou bien, pour x la valeur de y et pour y la valeur de x; ce qui est évident, puisque les équations (1) et (2) ne changent pas si on remplace x par y et y par x.

Pour que le problème soit possible, il faut que :

$$R^2 - m^2 \geqslant 0 \qquad m^2 \leqslant R^2$$

Si $m^2 < R^2$, deux solutions que l'on vient d'indiquer; il y a deux rectangles répondant à la question.

Si $m^2 = R^2$, c'est la plus grande valeur que puisse prendre l'aire du rectangle; dans ce cas : $x = y$; donc : $CD = 2DE$.

240. Inscrire dans un demi-cercle un rectangle de périmètre donné.

R. (*Même fig. 11*). Soit $2p$ le périmètre donné :

$$4x + 2y = 2p \qquad 2x + y = p \qquad (1)$$

et :
$$x^2 + y^2 = R^2 \qquad (2)$$

de (1), je tire : $y = p - 2x$; je porte dans (2) :

$$x^2 + (p - 2x)^2 - R^2 = 0$$
$$5x^2 - 4px + p^2 - R^2 = 0$$

Pour que x existe, il faut que :

$$4p^2 - 20(p^2 - R^2) \geqslant 0$$
$$4p^2 - 5R^2 \geqslant 0$$
$$(2p + R\sqrt{5})(2p - R)\sqrt{5} \geqslant 0$$

Or :
$$2p + R\sqrt{5} > 0$$

Donc, il suffit que $2p - R\sqrt{5} \geqslant 0$ ou : $2p \geqslant R\sqrt{5}$ (3).

De plus, x doit être plus petit que R, donc compris entre 0 et R.

$$f(0) = p^2 - R^2 \quad \text{ou} : (p + R)(p - R)$$
$$f(+R) = (p - R)^2 \quad \text{essentiellement positif.}$$

D'après (3), $2p > 2R$ ou : $p > R$, donc $f(0)$ est positif ; donc, ou deux solutions acceptables, ou pas du tout. Si $2p = R\sqrt{5}$; $x = \dfrac{2p}{5}$.

241. Diviser un cercle en moyenne et extrême raison par un cercle concentrique.

R. (*Voir fig. 12*). Soit R le rayon du cercle donné ; soit x le rayon du cercle cherché.

$$(\pi x^2)^2 = \pi R^2 \times \pi (R^2 - x^2)$$
$$x^4 + R^2 x^2 - R^4 = 0$$

Cette équation du deuxième degré en x^2 a une racine positive et une racine négative ; la racine positive seule convient, puisque x^2 est positif.

$$x^2 = \frac{-R^2 + \sqrt{5R^4}}{2} = \frac{R^2(\sqrt{5}-1)}{2}$$

$$x = R \times \sqrt{\frac{\sqrt{5}-1}{2}}$$

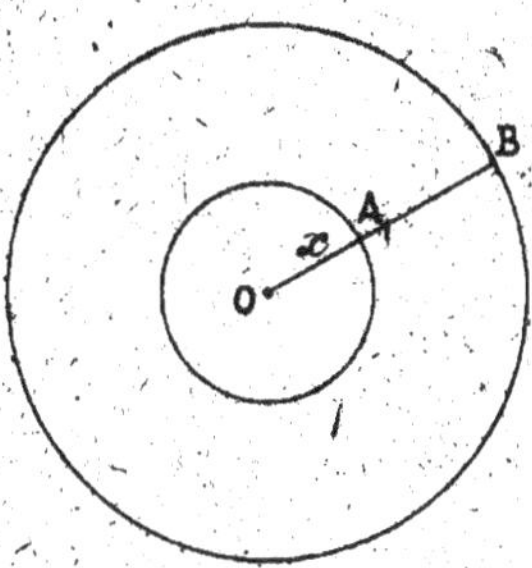

Fig. 12.

242. Inscrire dans un demi-cercle donné un trapèze de périmètre donné.

R. (*Voir fig. 13*). Soit ABCD le trapèze cherché ; posons $CD = 2x$, $AD = y$; le périmètre est $2x + 2y + AB$ or, AB est fixe, donc $2x + 2y$ doit être égal à une longueur donnée, soit $2p$

$$x + y = p \quad (1)$$

Abaissons du point D la perpendiculaire DE sur AB ; le triangle ADB est rectangle :

$$AD^2 = AB \times AE$$
$$y^2 = 2R(R - x)$$

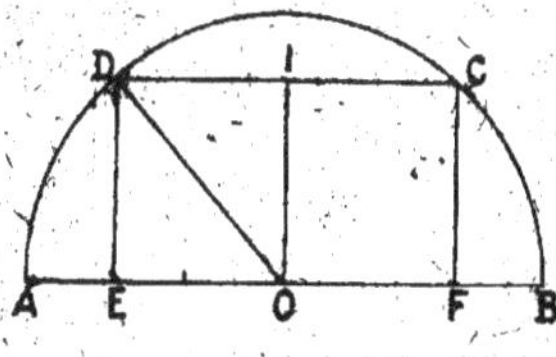

Fig. 13.

ou :
$$(p - x)^2 = 2R(R - x)$$
$$x^2 - 2x(p - R) + p^2 - 2R^2 = 0.$$

Pour que x existe, il faut que :
$$(p - R)^2 - (p^2 - 2R^2) \geqslant 0$$
$$2p \leqslant 3R$$

x doit être compris entre 0 et R.

Si $2p = 3R$, c'est le maximum de $2p$.

Alors : $\qquad x = \dfrac{R}{2}$; $\qquad$ CD $= R$; $\qquad y = R$

La figure BCAD est la moitié d'un hexagone régulier.

243. Couper un prisme triangulaire droit donné par un plan tel que la section soit un triangle équilatéral.

R. (*Voir fig. 14*). Soit un prisme droit de base triangulaire ABC. Soient a, b, c les longueurs des trois côtés.

Soit CA'B' une section donnant un triangle équilatéral ; par hypothèse,
$$A'C = CB' = B'A'$$

je distingue : AA' par x, BB' par y.

$$\overline{A'C}^2 = x^2 + b^2 \qquad \overline{B'C}^2 = a^2 + y^2$$

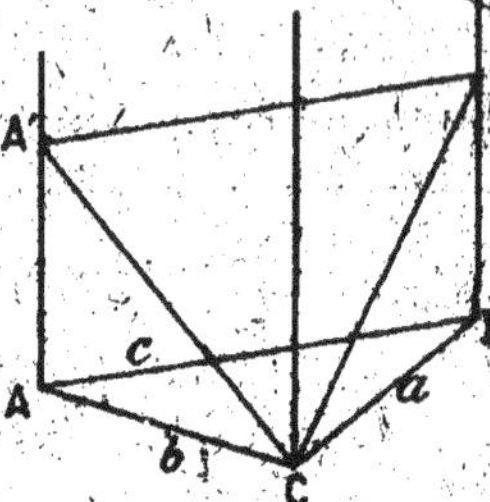

Je mène par A' la parallèle A'D à AB, B'D $= y - x$; le triangle rectangle A'B'D donne :
$$\overline{A'B'}^2 = c^2 + (y - x)^2$$

Fig. 14.

D'où : $\qquad b^2 + x^2 = a^2 + y^2 = c^2 + (y - x)^2$

$\quad b^2 + x^2 = c^2 + y^2 + x^2 - 2xy \qquad$ ou $\quad y^2 - 2xy = b^2 - c^2 \qquad$ (1)

$\quad a^2 + y^2 = c^2 + y^2 + x^2 - 2xy \qquad$ ou $\quad x^2 - 2xy = a^2 - c^2 \qquad$ (2)

De (2), je tire : $\quad y = \dfrac{x^2 - a^2 + c^2}{2x}$ et je remplace dans (1) :

$$\left[\frac{x^2 - (a^2 - c^2)}{2x} \right]^2 - (x^2 - a^2 + c^2) = b^2 - c^2$$

ou :

$$x^4 - 2x^2 (a^2 - c^2) + (a^2 - c^2)^2 - 4x^4 + 4x^2 (a^2 - c^2) = 4x^2 (b^2 - c^2)$$
$$3x^4 + 2x^2 (2b^2 - c^2 - a^2) - (a^2 - c^2)^2 = 0$$

Équation bicarrée ; il ne faut prendre que la racine positive en x^2, ce qui donne la valeur de x, en extrayant la racine carrée. De x, on déduit y.

244. Couper une sphère par un plan de manière que l'aire de la section soit égale à la différence des zones déterminées.

R. (*Voir fig. 15*). Soit x la distance du centre au plan sécant ; l'aire de la section est : $\pi (R^2 - x^2)$.

L'aire de la petite zone est : $2\pi R (R - x)$; l'aire de la grande zone est : $2\pi R (R + x)$.

Donc : $\quad x(R^2 - x^2) = 2\pi R (R + x) - 2\pi R (R - x)$

$$x^2 + 4Rx - R^2 = 0$$

La racine positive seule convient ; elle est bien comprise entre 0 et R.

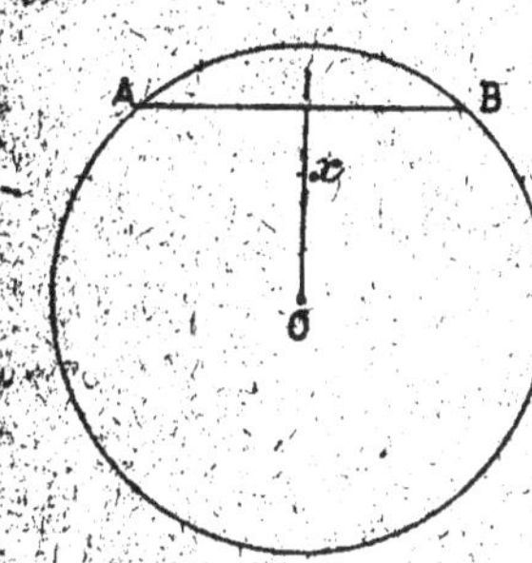

Fig. 15

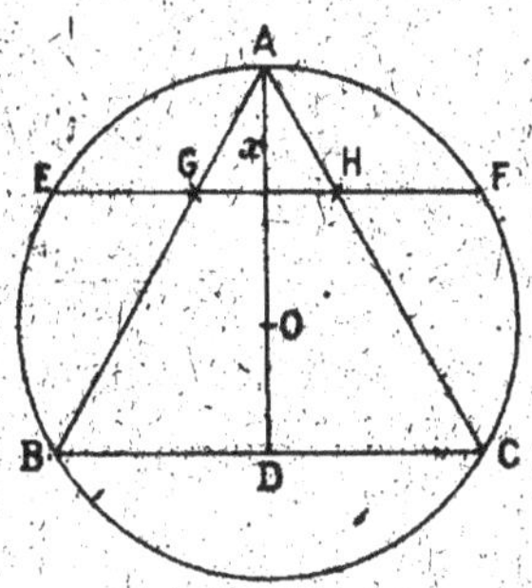

Fig. 16.

245. Un cône donné étant inscrit dans une sphère, mener un plan tel que la différence des sections obtenues dans les deux cônes soit équivalente à un cercle donné.

(Voir fig. 16). Soit x la distance du sommet du cône au plan sécant ; soit r le rayon de base du cône ; soit h sa hauteur ; soit R le rayon de la sphère.

L'aire de section dans la sphère est : $\pi \overline{IE}^2$.

L'aire de section dans le cône est : $\pi \overline{IG}^2$.

$$\overline{IE}^2 = R^2 - (R - x)^2$$

Les deux triangles semblables AGI et ABD donnent :

$$\frac{GI}{r} = \frac{x}{h} \qquad GI = \frac{rx}{h}$$

$\pi \overline{IE}^2 - \pi \overline{IG}^2$ devient : $\pi (2Rx - x^2) - \pi \dfrac{r^2 x^2}{h^2} = \pi m^2$

$$x^2 (h^2 + r^2) - 2h^2 Rx + h^2 m^2 = 0$$

Pour que le problème soit possible, il faut que :

$$h^4 R^2 - (h^2 + r^2) h^2 m^2 \geqslant 0$$

$$\text{ou} : m^2 \leqslant \frac{h^2 R^2}{h^2 + r^2}$$

doit être compris entre 0 et h

Si $m^2 = \dfrac{h^2 R^2}{h^2 + R^2}$, c'est le maximum de πm^2. Alors $x = \dfrac{h^2 R}{h^2 + r^2}$

246. Inscrire dans une sphère un cylindre de surface totale donnée.

R. (*Voir fig. 17*). Posons $ID = x$; $OI = y$; la hauteur du cylindre est $2y$.

La surface latérale est $2\pi x \times 2y$; la surface d'une base est πx^2; la surface totale est donc :

$$4\pi xy + 2\pi x^2 = 2\pi m^2$$
$$x^2 + 2xy = m^2 \qquad (1)$$
$$x^2 + y^2 = R^2 \qquad (2)$$

De (1), je tire $y = \dfrac{m^2 - x^2}{2x}$;

je porte dans (2) :

$$x^2 + \frac{(m^2 - x^2)^2}{4x^2} - R^2 = 0$$
$$5x^4 - 2x^2(m^2 + 2R^2) + m^4 = 0$$

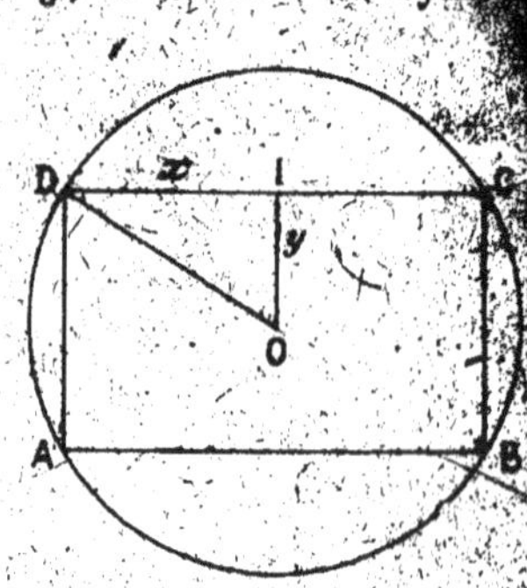

Fig. 17.

Équation bicarrée en x; pour que le problème soit possible, il faut que :

$$(m^2 + 2R^2)^2 - 5m^4 \geqslant 0$$
$$(m^2 + 2R^2 + m^2 \sqrt{5})(m^2 + 2R^2 - m^2 \sqrt{5}) \geqslant 0$$

ou :
$$m^2(1 - \sqrt{5}) + 2R^2 \geqslant 0$$

$$m^2 \leqslant \frac{2R^2}{\sqrt{5} - 1} \qquad \text{ou} : m^2 \leqslant \frac{R^2(\sqrt{5} + 1)}{2}$$

Si $m^2 = \dfrac{R^2(\sqrt{5} + 1)}{2}$, c'est le maximum de $2\pi m^2$.

247. Couper une sphère par un plan de manière que le segment de sphère détaché ait une surface totale donnée.

R. (*Voir fig. 16*). L'aire totale du segment détaché est :

$$2\pi R(R - x) + \pi(R^2 - x^2) = \pi m^2$$
$$x^2 + 2Rx + m^2 - 3R^2 = 0$$

Pour que le problème soit possible, il faut que :

$$R^2 - (m^2 - 3R^2) \geqslant 0$$

ou :
$$m^2 \leqslant 4R^2$$

Si $m^2 = 4R^2$, la surface est maximum : $4\pi R^2$; $x = -R$, le plan est tangent; on a la surface de la sphère.

(x, étant négatif, doit être porté en sens contraire du sens convenu.)

248. Circonscrire à une sphère un cône droit ayant un volume donné.

(*Voir fig. 18*). Soit x le rayon de base AH ; soit y la hauteur SH.

Le volume est :
$$\frac{1}{3}\pi x^2 y = \frac{1}{3}\pi m^3$$
$$x^2 y = m^3 \qquad (1)$$

Je joins OI, I étant le point de contact de SA avec la sphère :
$$OI = R$$

Les deux triangles SOI, SAH sont semblables :
$$\frac{SI}{SH} = \frac{OI}{AH}$$
$$\frac{\sqrt{(y-R)^2 - R^2}}{y} = \frac{R}{x} \qquad (2)$$
$$x = \frac{Ry}{\sqrt{y^2 - 2Ry}}$$

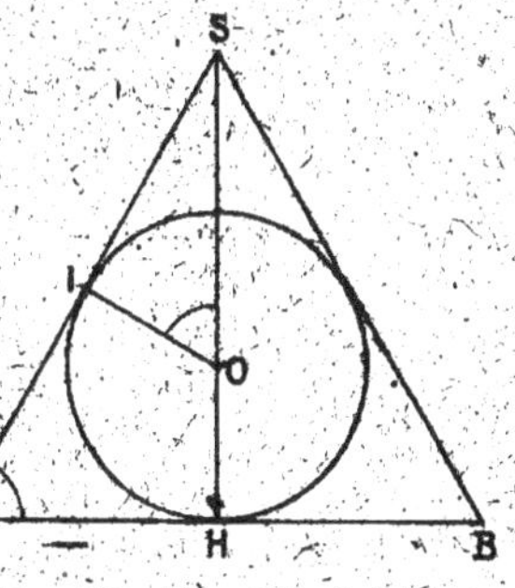

Fig. 18.

Je porte cette valeur dans (1) : $\dfrac{R^2 y^3}{y^2 - 2Ry} = m^3$

Je remarque que je peux diviser par y qui ne peut pas être nul :
$$R^2 y^2 - m^3 y + 2Rm^3 = 0$$

Pour que le problème soit possible, il faut que :
$$m^6 - 8R^3 m^3 \geqslant 0$$
$$m^3 - 8R^3 \geqslant 0 \qquad\qquad m^3 > 8R^3$$

y doit être plus grand que 2R.

Si $\qquad m^3 = 8R^3 \qquad\qquad \frac{1}{3}\pi m^3 = \frac{8}{3}\pi R^3$

$\frac{8}{3}\pi R^3$ est le double du volume de la sphère, c'est le minimum du volume ; $y = 4R$.

249. Circonscrire à une sphère un cône droit dont la surface latérale soit double de la base.

R. (*Même fig. 18*). Désignons AH par x et SI par y ; la surface latérale est $\pi x(x + y)$, la surface de base est πx^2.
$$\pi x(x + y) = 2\pi x^2 \qquad x + y = 2x \qquad y = x$$

SA = AB ; le triangle SAB est équilatéral.
$$x = R\sqrt{3} \qquad\qquad AB = 2R\sqrt{3}.$$

250. Le premier terme d'une progression arithmétique est 5, le 52ᵉ terme est 158 ; quelle est la raison ?

R. Un terme est égal au premier, plus autant de fois la raison qu'il a de termes avant lui ; donc, 158 est égal à 5 plus 51 fois la raison ; donc, 153 vaut 51 fois la raison ; donc, la raison vaut 3.

251. La somme des 10 premiers termes d'une progression arithmétique commençant par 1 est 235. Quelle est la raison ?

$$R. \; S = \frac{[2a + (n-1)r]n}{2} \qquad \text{ici} : S = 235 ; \quad a = 1 ; \quad n = 10.$$

$$470 = [2 + 9r] \, 10 \qquad r = 5$$

252. La somme des n premiers termes d'une progression arithmétique commençant par 2, de raison 3, est 155. Quelle est la valeur de n ?

R. En appliquant la même formule :

$$155 = \frac{[4 + (n-1)3] \, n}{2}$$

$$3n^2 + n - 310 = 0$$

La racine positive seule est acceptable : $n = 30$.

253. Insérer 5 moyens arithmétiques entre 3 et 18.

R. Soit x la raison.

Le septième terme sera : $3 + 6x$. Mais le septième terme sera : 18.

$$3 + 6x = 18 \qquad x = \frac{15}{6} = \frac{5}{2}$$

Les termes sont : 3 ; $\quad 3 + \frac{5}{2}$; 8 ; $\quad 3 + \frac{15}{2}$; 13 ; $\quad 3 + \frac{25}{2}$; 18.

254. Insérer 20 moyens arithmétiques entre 7 et 12.

R. Soit x la raison ; le vingt-deuxième terme sera :

$$7 + 21x \qquad \text{ou} : 12$$

$$7 + 21x = 12 \qquad x = \frac{5}{24}.$$

255. Trouver 3 nombres en progression arithmétique, sachant que leur somme est 24 et que leur produit est 312.

R. Soit x le terme du milieu et y la raison ; les trois termes sont :

$$x - y, \qquad x, \qquad x + y$$

$$3x = 24 \qquad x = 8$$

$$x(x^2 - y^2) = 312 \qquad y = 5$$

Les nombres sont, 3, 8, 13.

256. Trouver la somme des points marqués sur un jeu de
dominos.

R. Il y a 8 fois le 1, 8 fois le 2, 8 fois le 3, etc., 8 fois le 6 ; c'est
donc 8 fois la somme des 6 premiers nombres ; or, la somme des
premiers nombres est $\dfrac{6 \times 7}{2}$; donc, la somme des points marqués
sur un jeu de dominos est :

$$\frac{6 \times 7 \times 8}{2} = 168.$$

257. Trouver la somme des nombres écrits dans une table de
Pythagore.

R. La première ligne horizontale contient la somme des 9 premiers
nombres ou :

$$\frac{9 \times 10}{2} = 45.$$

La deuxième ligne horizontale contient deux fois les nombres précédents ou 45×2.

La troisième ligne horizontale contient trois fois les nombres de
la première ligne ou 45×3, etc.

9 lignes ; donc la somme est :

$$45 \times 1 + 45 \times 2 + \ldots + 45 \times 9$$
$$45 (1 + 2 + \ldots + 9) = 45 \times 45 = 45^2$$
$$S = 2025.$$

258. Faire la somme des 10 premiers termes d'une progression
géométrique commençant par 3 et ayant pour raison $\sqrt{3}$.

R. n désignant le nombre des termes, a le premier terme, q la
raison, S la somme :

$$S = \frac{aq^n - a}{q - 1} = \frac{3 (\sqrt{3})^{10} - 3}{\sqrt{3} - 1} = \frac{3 \times 3^5 - 3}{\sqrt{3} - 1}$$

$$S = \frac{726}{\sqrt{3} - 1} = 363 (\sqrt{3} + 1)$$

259. Faire la somme des termes de la progression $6, 2, \dfrac{2}{3}$,
prolongée indéfiniment.

R. $$S = \frac{a}{1 - q} \qquad \text{ici,} \quad a = 6, \qquad q = \frac{1}{3}$$

$$S = \frac{6}{1 - \dfrac{1}{3}} = 9$$

260. Au point B de la droite AB de longueur égale à 1 mètre, on élève BC perpendiculaire sur AB et égale à 0 m. 50 ; au point C, on mène CD perpendiculaire sur BC et égale à 0 m. 25, et ainsi de suite comme l'indique la *figure 19*, la nouvelle longueur étant la moitié de la précédente. Calculer la somme des longueurs des droites ainsi construites.

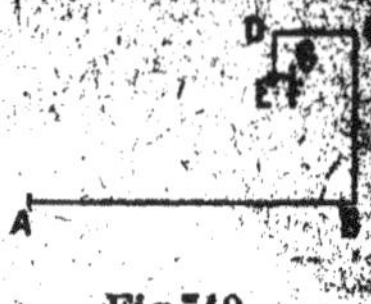

Fig. 19.

$$\text{R.}\qquad \text{S}=\frac{a}{1-q}\qquad a=1^{\text{m}},\qquad q=\frac{1}{2}\qquad \text{S}=\frac{1}{1-\frac{1}{2}}=2^{\text{m}}$$

261. Une circonférence de rayon R est inscrite dans un angle droit (*fig. 20*). Dans l'intervalle compris entre la circonférence et les côtés de l'angle, on inscrit une nouvelle circonférence tangente à la première ; puis, dans le nouvel intervalle, une troisième dans les mêmes conditions, etc.

Trouver la somme des rayons de toutes ces circonférences y compris la première.

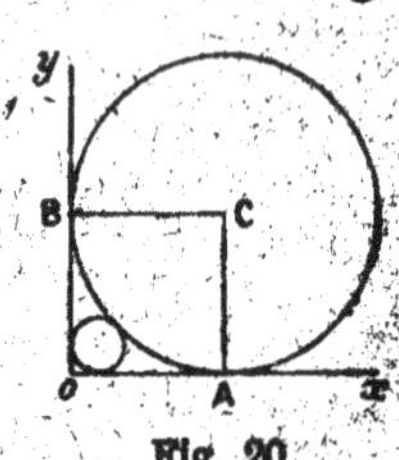

Fig. 20.

R. Soit I le centre de la première circonférence intercalée ; soit x son rayon qui, par hypothèse, est plus petit que R, rayon du cercle donné ; je joins IC ; par I, je mène la parallèle à Ox qui coupe AC en K.

$$\text{IK}=\text{R}-x,\qquad \text{CK}=\text{R}-x,\qquad \text{IC}=\text{R}+x$$
$$(\text{R}-x)^2+(\text{R}-x)^2=(\text{R}+x)^2$$
$$x^2-6\text{R}x+\text{R}^2=0$$
$$x=3\text{R}\pm\sqrt{9\text{R}^2-\text{R}^2}=3\text{R}\pm\text{R}\sqrt{8}$$

Mais x doit être plus petit que R ;

donc, ici, $\qquad\qquad x=\text{R}(3-\sqrt{8}).$

Donc, le nouveau rayon se déduit du premier en multipliant par $3-\sqrt{8}$ qui est la raison plus petite que 1.

$$\text{S}=\frac{a}{1-q}\qquad a=\text{R},\qquad q=3-\sqrt{8}$$
$$\text{S}=\frac{\text{R}}{1-3+\sqrt{8}}=\frac{\text{R}}{\sqrt{8}-2}=\frac{\text{R}(\sqrt{8}+2)}{4}$$

262. Calculer par logarithmes l'expression : $\dfrac{361\times 812}{17347}$

Soit :
$$N = \frac{361 \times 812}{17347}$$

$$\log. N = \log. 361 + \log. 812 - \log. 17347$$
$$\log. N = \log. 361 + \log. 812 + \text{colog. } 17347$$

$\log. 361 = 2,55751$ $\qquad$ $\log. 17347 = 4,23922$

$\log. 812 = 2,90956$ $\qquad$ $\text{colog. } 17347 = \bar{5},76078$

$\text{colog. } 17347 = \bar{5},76078$

$\overline{\log. \quad N \quad = 1,22785}$ $\qquad$ $N = 16,898$

Calculer par logarithmes l'expression suivante : $\dfrac{0,47 \times 2,38}{5,29}$

Soit :
$$N = \frac{0,47 \times 2,38}{5,29}$$

$$\log. N = \log. 0,47 + \log. 2,38 + \text{colog. } 5,29$$

$\log. 0,47 = \bar{1}, 67210$ $\qquad$ $\log. 5,29 = 0,72646$

$\log. 2,38 = 0, 37658$ $\qquad$ $\text{colog. } 5,29 = \bar{1}, 27354$

$\text{colog. } 5,29 = \bar{1}, 27354$

$\overline{\log. \quad N = \bar{1}, 32\,222}$ $\qquad$ $N = 0,21.$

263. Calculer par logarithmes l'expression : $\sqrt{7435}$

Soit :
$$N = \sqrt[2]{7435}$$

$$\log. N = \frac{\log. 7435}{2} \qquad \log. 7435 = 3,87128$$

$$\log. N = 1,93564$$

$$N = 86,22.$$

Calculer par logarithmes l'expression suivante : $\sqrt{\dfrac{812}{5384}}$

Soit :
$$N = \sqrt{\frac{812}{5384}}$$

$$\log. N = \frac{\log. 812 + \text{colog. } 5384}{2} \qquad \log. 812 = 2,90956$$
$$\log. 5384 = 3,73111$$
$$\log. N = \frac{2,90956 + \bar{4}, 26889}{2} \qquad \text{colog. } 5384 = \bar{4}, 26889$$

$$\log. N = \bar{1}, 14\ldots$$
$$N = 0,155\ldots$$

Ernst. — *Corrigé.*

7

264. Calculer par logarithmes l'expression : $\sqrt{\dfrac{2 \times \pi}{15}}$

R. Soit :
$$N = \sqrt[2]{\dfrac{2 \times \pi}{15}}$$

$$\log. N = \dfrac{\log. 2 + \log. \pi + \text{colog.} 15}{2}$$

$\log. 2 = 0,30103$ $\log. 15 = 1,17609$

$\log. 3,1416 = 0,49715$ $\text{colog.} 15 = \bar{2},82391$

$\text{colog.} 15 = \bar{2},82391$

$2 \log. N = \bar{1},62209$

$\log. N = \bar{1},81104$ $N = 0,6472$

Calculer par logarithmes l'expression suivante : $\sqrt{\dfrac{8}{3\pi}}$

R. Soit :
$$N = \sqrt[2]{\dfrac{8}{3\pi}}$$

$$\log. N = \dfrac{\log. 8 + \text{colog.} 3 + \text{colog.} \pi}{2}$$

$\log. 8 = 0,90309$ $\log. 8 = 0,90309$

$\text{coleg} 3 = \bar{1},52288$ $\log. 3 = 0,47712$

$\text{colog.} \pi = \bar{1},50286$ $\text{colog.} 3 = \bar{1},52288$

$2 \log. N = \bar{1},92883$ $\log. \pi = 0,49714$

$\log. N = \bar{1},96441$ $\text{colog.} \pi = \bar{1},50286$

$$N = 0,9213.$$

265. Calculer par logarithmes l'expression : $\sqrt{2 + \sqrt{2}}$

R. Soit :
$$N = \sqrt{2 + \sqrt{2}}$$

$\sqrt{2} = 1,4142$ $2 + \sqrt{2} = 3,4142$

$\log. N = \dfrac{\log. 3,4142}{2}$ $\log. 3,4142 = 0,53328$

$$\log. N = 0,26664$$

$$N = 1,848$$

Calculer par logarithmes l'expression suivante : $\sqrt{2 - \sqrt{2}}$

R. Soit :
$$N = \sqrt[2]{2 - \sqrt{2}}$$

$$\sqrt{2} = 1,4142, \qquad 2 - \sqrt{2} = 0,5858$$

$$\log. N = \frac{\log. 0,5858}{2} \qquad \log. 0,5858 = \overline{1},76775$$

$$\log. N = \frac{\overline{1},76775}{2} = \overline{1},88387$$

$$N = 0,7653.$$

266. Calculer par logarithmes l'expression : $\dfrac{\sqrt{5}+1}{\sqrt{7}}$

R. Soit :
$$N = \frac{\sqrt{5}+1}{\sqrt{7}}$$

$$\sqrt[2]{5} = 2,2360 \qquad \sqrt[2]{7} = 2,6457$$

$$\sqrt{5} + 1 = 3,2360$$

$$N = \frac{3,2360}{2,6457} = \frac{32360}{26457}$$

$$\log. N = \log. 32360 + \operatorname{colog}. 26457$$

$$\log. 32360 = 4,51004$$

$$\log. N = 0,08747 \qquad \log. 26457 = 4,42254$$

$$\operatorname{colog}. 26457 = \overline{5},57746$$

$$N = 1,223.$$

Calculer par logarithmes l'expression suivante : $\dfrac{\sqrt{5}+1}{\sqrt{5}-1}$

R. Soit :
$$N = \frac{\sqrt{5}+1}{\sqrt{5}-1}$$

$$N = \frac{\sqrt{5}+1}{\sqrt{5}-1} = \frac{(\sqrt{5}+1)^2}{5-1} = \frac{(\sqrt{5}+1)^2}{4} \qquad \sqrt{5} = 2,2360$$
$$\sqrt{5} + 1 = 3,2360$$

$$\log. N = 2 \log. 3,2360 + \operatorname{colog}. 4$$

$$2 \log. 3 = 1,02002 \qquad \log. 3,2360 = 0,51001$$
$$\operatorname{colog}. 4 = \overline{1},39794 \qquad \operatorname{colog}. 4 = \overline{1},39794$$
$$\overline{\log. N = 0,41796}$$

$$N = 2,618$$

267. Calculer par logarithmes l'expression : $\sqrt[3]{1331}$

R. Soit :
$$N = \sqrt[3]{1331}$$

$$\log. N = \frac{\log. 1331}{3} \qquad \log. 1331 = 3,12418$$

$$\log. N = 1,04139 \qquad N = 11$$

Calculer par logarithmes l'expression suivante : $\sqrt[3]{81747}$

R. Soit :
$$N = \sqrt[3]{81747}$$

$$\log. N = \frac{\log. 81747}{3} \qquad \log. 81747 = 4,91247$$

$$\log. N = 1,63749 \qquad N = 43,4$$

268. On place 300 francs à intérêts composés pendant 20 ans à 5 0/0. Quelle somme aura-t-on ?

R. Soient a le capital primitif; r l'intérêt de 1 franc en un an; n le nombre d'années; A le capital définitif.

$$A = a(1 + r)^n$$
$$(1 + r) = 1 + 0,05 = 1,05$$
$$A = 300 \times (1,05)^{20}$$
$$\log. A = \log. 300 + 20 \log. 1,05$$
$$A = 796 \text{ francs.}$$

269. Un capital a été placé pendant 18 ans à 4 0/0 à intérêts composés. On a retiré 100 000 francs. Quel était le capital ?

R.
$$100000 = a (1,04)^{18}$$
$$\log. a = \log. 100000 - 18 \log. 1,04$$
$$a = 49 370 \text{ francs.}$$

270. Un capital de 20 000 francs a été placé pendant 15 ans à intérêts composés et est devenu 40 000 francs. Quel est le taux ?

R.
$$40000 = 20000 (1 + r)^{15}$$
$$2 = (1 + r)^{15}$$
$$15 \log. (1 + r) = \log. 2$$
$$\log. (1 + r) = 0,02006, \qquad 1 + r = 1,04. \text{ Le taux est } 4\%.$$

271. Un capital de 7500 francs a été placé à intérêts composés

5 0/0 et est devenu 20 000 francs. Pendant combien de temps a-t-il été placé ?

R.

$$20\,000 = 7\,500 \times (1,05)^n$$
$$200 = 75 \times (1,05)^n$$
$$n \, \log. 1,05 = \log. 200 - \log. 75$$

$$n = \frac{\log. 200 + \operatorname{colog.} 75}{\log. 1,05}$$
$$n = \frac{42597}{2119}$$

$$\log. 1,05 = 0,02119$$
$$\log. 200 = 2,30103$$
$$\log. 75 = 1,87506$$
$$\operatorname{colog.} 75 = \bar{2},12494$$

$$n = 20 \text{ ans.}$$

272. En versant tous les ans, à la fin de l'année, une somme de 1 000 francs, à intérêts composés, pendant 20 ans, quel capital peut-on se constituer ?

R. Supposons le taux à 5 °/₀.

$$A = a \frac{(1 + r)^n - 1}{r}$$

$$A = 1\,000 \times \frac{(1,05)^{20} - 1}{0,05}$$

$$A = 33\,068 \text{ francs.}$$

273. Quelle somme faut-il verser tous les ans, à la fin de l'année, pendant 30 ans, à 4 0/0, pour avoir un capital de 100 000 francs ?

R.

$$100\,000 = a \frac{(1,04)^{30} - 1}{0,04}$$

$$a = 1\,783 \text{ francs.}$$

274. Pendant combien de temps doit-on verser tous les ans, à la fin de l'année, une somme de 300 francs à 5 0/0, à intérêts composés, pour avoir un capital de 5 000 francs ?

R.

$$5\,000 = 300 \frac{(1,05)^n - 1}{0,05}$$

$$n = 12 \text{ ans.}$$

275. Une personne emprunte 50 000 francs à 3 0/0 et se libère par des paiements égaux annuels, à partir de la fin de la pre-

mière année, pendant 10 ans. Quelle somme devra-t-elle verser tous les ans ?

R. Soit a la somme à verser pour rembourser A dans les conditions données :

$$a = A \frac{r(1+r)^n}{(1+r)^n - 1}$$

$$a = 50\,000 \times \frac{0\,03 \times (1,03)^{10}}{(1,03)^{10} - 1}$$

$$a = 5\,861\,\text{fr.}\,50.$$

276. Une personne se libère d'un emprunt contracté à 4 0/0 par des paiements égaux, annuels, à partir de la fin de la première année de l'emprunt, en versant 200 francs par an pendant 10 ans. Quelle était la somme empruntée ?

R.
$$200 = A \frac{0,04 \times (1,04)^{10}}{(1,04)^{10} - 1}$$

$$A = 1\,622\,\text{francs}.$$

277. Une personne se libère d'un emprunt de 150 000 francs à $3\frac{1}{2}$ 0/0 en versant tous les ans, à partir de la fin de la première année, une somme de 10 000 francs. Pendant combien de temps devra-t-elle effectuer le versement ?

R.
$$10\,000 = 150\,000 \frac{0,035 \times (1,035)^n}{(1,035)^n - 1}$$

$$n = 21\,\text{ans}.$$

EXERCICES DE RÉCAPITULATION

CALCUL ALGÉBRIQUE

I

278. Calculer les valeurs numériques de l'expression suivante :

$$\frac{a^3 - b^3}{a^2 + ab + b^2} + \frac{a^3 + b^3}{a^2 - ab + b^2}$$

1° pour $a = +5$, $b = -2$;
2° pour $a = -7$, $b = +2$;
3° pour $a = +1$, $b = -1$;
4° pour $a = +41$, $b = -12$.

> **Réponse.** 1° pour $a = +5$, $b = -2$,   la valeur est : 10 ;
> 2° pour $a = -7$, $b = +2$,   la valeur est : -14 ;
> 3° pour $a = +1$, $b = -1$,   la valeur est : $+2$;
> 4° pour $a = +41$, $b = -12$,   la valeur est : $+82$.

279. Calculer les valeurs numériques de l'expression suivante :

$$(x^2 - 5x + 6)(x^2 + 5x - 6).$$

1° pour $x = +7$;   2° pour $x = +2$;   3° pour $x = +1$;   4° pour $x = -39$.

> **R.** 1° pour $x = +7$,   la valeur est : 1 560 ;
> 2° pour $x = +2$,   la valeur est : 0 ;
> 3° pour $x = +1$,   la valeur est : 0 ;
> 4° pour $x = -39$,   la valeur est : 2 273 040.

280. Calculer les valeurs numériques de l'expression suivante :

$$5x^2y + 3xy^2 - y^3.$$

1° pour $x = +2$, $y = -5$;   2° pour $x = -3$, $y = +11$.

R. 1° pour $x = +2$, $y = -5$, la valeur est : **175** ;

2° pour $x = -3$, $y = +11$, la valeur est : **— 1925**.

281. Calculer la valeur numérique de l'expression suivante :

$$\sqrt{p\,(p-a)\,(p-b)\,(p-c)}$$

pour $a = 26$; $b = 24$; $c = 5$.

$$p = \frac{a+b+c}{2}$$

R. 57.

282. Calculer la valeur numérique de l'expression suivante : $\pi R^2 H$
pour $\pi = 3,1416$; $R = 5^{cm}$; $H = 11^{cm}$.

R. 863$^{cm^2}$,94.

283. Calculer la valeur numérique de l'expression suivante : $2\pi R H$
pour $\pi = 3,1416$; $R = 13^{cm}$; $H = 5^{cm}$.

R. 408$^{cm^2}$,408.

284. Calculer la valeur numérique de l'expression suivante :

$$\frac{H}{3}\left(B + b + \sqrt{Bb}\right)$$

pour $H = 4^{cm}$; $B = 9^{cm^2}$; $b = 4^{cm^2}$.

R. 25$^{cm^3}$,33.

285. Calculer la valeur numérique de l'expression suivante :

$$\frac{\pi H}{3}\left(R^2 + Rr + r^2\right)$$

pour $\pi = 3,14$; $H = 8^{cm}$; $R = 3^{cm}$; $r = 1^{cm}$.

R. 108$^{cm^3}$,8533.

286. Calculer la valeur numérique de l'expression suivante

$$b^2 + c^2 - \frac{a^2}{2}$$

pour $b = 8$; $c = 6$; $a = 10$.

R. 50.

287. Calculer la valeur numérique de l'expression suivante :

$$bc - \frac{a^2bc}{(b+a)^2}$$

pour $a = 8$; $b = 7$; $c = 6$.

R. 26,09.

288. En posant
$$A = x^3 - 5x^2 + 7$$
$$B = x^4 + 7x^3 - x + 1$$
$$C = x^2 - 5x + 6$$

faire le calcul de

1°   A + B + C
2°   A + B — C   Valeurs numériques
3°   A — B + C   pour $x = + 7$
4° — A + B + C   et pour $x = — 11$

R. Pour $x = 7$,   1° 4 921 ;   2° 4 881 ;   3° — 4 671 ;   4° 4 711.
    pour $x = — 11$, 1° 8 589 ;   2° 8 225 ;   3° — 7 083 ;   4° 7 447.

289. En posant $x = vt$; $e = \frac{1}{2}gt^2$; $y = a + vt + \frac{1}{2}gt^2$

calculer x, e, y pour $a = 15^m$; $v = 3^m$; $g = 9^m,8$.

R. Pour une valeur donnée de t :

$$x = 3 \times t ; \qquad l = \frac{1}{2} \times 9,8t^2 ; \qquad 4 = 15 + 3t + \frac{1}{2} 9,8t^2.$$

290. En posant $l = l_0(1 + Kt)$, $l' = l\frac{1 + Kt'}{1 + Kt}$

calculer, à 0,00001 près, l et l' pour $l_0 = 24^m$; $K = 0,0000123$;

$$l = 12^o,5 ; \quad l' = 31^o.$$

R. $l = 24,00369$; $l' = 24,0001512$.

291. Calculer $P = 12x^6 + 5x^5 + 3x^4 + 4x^3 - 11x^2 - 6x + 3$

1° pour $x = 3$; 2° pour $x = \frac{1}{3}$.

R. 1° 10 200 ;   2° 0..

292. Calculer

$$P = 5a^3b^4 - 12a^3b^2 + 5a^6b^2 + 12a^5b^4 + 3a^3b^2 - 2a^5b^4$$

pour $a = 4$ et $b = 2$.

R. 244 786.

II

293. Soustraire $17a^5b^4c^3 - 12a^4b^3c^2 + 7a^3b^2c - 8a^2b$

de $\qquad 30a^5b^4c^3 - 7a^4b^3c^2 + 5a^2b.$

R. $13\,a^5b^4c^3 + 5a^4b^3c^2 - 7a^3b^2c + 13a^2b.$

294. Soustraire $\qquad (a-b) - 2(c-d)$

de $\qquad 2(a-b) - 3(c-d).$

puis faire disparaître les parenthèses.

R. $a - b - c + d.$

295. Soustraire $(a-b+2c)x - (2a+b-c)y$

de $\qquad (2a-b+3c)x - (3a+2b-c)y$

R. $x(a+c) - y(a+b).$

296. Écrire sans parenthèses et simplifier

$$(a^3 + 3a^2b + 3ab^2 + b^3) + (a^3 - 3a^2b + 3ab^2 - b^3)$$

R. $2a^3 + 6ab^2.$

297. Écrire sans parenthèses et simplifier

$$(x^4 + 4x^3y + 6x^2y^2 + 4xy^3 + y^4) - (x^4 - 4x^3y + 6x^2y^2 - 4xy^3 + y^4)$$

Vérifier le résultat pour $x = 3$; $y = 2$.

R. $8x^3y + 8xy^3.$

298. Multiplier $a^3 + 3a^2b + 3ab^2 + b^3$ par $a + b$.

R. $a^4 + 4a^3b + 6a^2b^2 + 4ab^3 + b^4.$

299. Multiplier $a^3 + 3a^2b + 3ab^2 + b^3$ par $a^2 - 2ab + b^2$.

R. $a^5 + a^4b - 2a^3b^2 - 2a^2b^3 + ab^4 + b^5.$

300. Multiplier $a^3 - 3a^2b + 3ab^2 - b^3$ par $a - b$.

R. $a^4 - 4a^3b + 6a^2b^2 - 4ab^3 + b^4.$

301. Multiplier $a^3 - 3a^2b + 3ab^2 - b^3$ par $a^2 - 2ab + b^2$.

R. $a^5 - 5a^4b + 10a^3b^2 - 10a^2b^3 + 5ab^4 - b^5.$

302. Multiplier $x^2 + xy + y^2$ par $x^2 - xy + y^2$.

R. $x^4 + x^2y^2 + y^4$.

303. Effectuer le produit $(x-3)^3 (x^2-4x+4)(x+1)$

R. $x^6 - 18x^5 + 54x^4 - 104x^3 + 45x^2 + 108x - 108$.

304. Développer et réduire $(a+b)(a^2+ab-b^2)(a^2+ab+b^2)(a-b)$

R. $a^6 + 2a^5b - 2a^3b^3 - 2a^2b^4 + b^6$.

305. Décomposer $a^4 + b^4$ en un produit de deux facteurs entiers par rapport à a et b.

R. $a^4 + b^4 = (a^2 + b^2)^2 - 2a^2b^2 = (a^2 + b^2 + ab\sqrt{2})(a^2 + b^2 - ab\sqrt{2})$.

306. Décomposer $a^6 + b^6$ en un produit de deux facteurs entiers par rapport à a et b.

R. $a^6 + b^6 = (a^2)^3 + (b^2)^3 = (a^2 + b^2)(a^4 - a^2b^2 + b^4)$.

307. Décomposer $a^4 + b^4 + a^2b^2$ en un produit de deux facteurs entiers par rapport à a et b.

R. $a^4 + b^4 + a^2b^2 = a^4 + b^4 + 2a^2b^2 - a^2b^2 = (a^2 + b^2)^2 - a^2b^2 = (a^2 + b^2 + ab)(a^2 + b^2 - ab)$.

308. Décomposer $a^4 + b^4 - a^2b^2$ en un produit de deux facteurs entiers par rapport à a et b.

R. $a^4 + b^4 - a^2b^2 = a^4 + b^4 + 2a^2b^2 - 3a^2b^2 = (a^2 + b^2)^2 - 3a^2b^2 = (a^2 + b^2 + ab\sqrt{3})(a^2 + b^2 - ab\sqrt{3})$.

309. Diviser $a^6 - b^6$ par $a^2 - ab + b^2$.

R.
$$\frac{a^6 - b^6}{a^2 - ab + b^2} = \frac{(a^3)^2 - (b^3)^2}{a^2 - ab + b^2} = \frac{(a^3 + b^3)(a^3 - b^3)}{a^2 - ab + b^2} =$$
$$\frac{(a + b)(a^2 - ab + b^2)(a^3 - b^3)}{a^2 - ab + b^2} = (a + b)(a^3 - b^3).$$

310. Diviser $2x^3 - 2ax^2 - 2abx - 2ab^2 - 2b^3$ par $x - a - b$.

R. $2x^2 + 2bx + 2b^2$.

311. Diviser $x^4 + 4x^3 + 4x^2 + 2xy^2 - y^4 + 2y^3$ par $x - y + 2$.

R. $x^3 + (y + 2)x^2 + xy^2 + y^3$.

312. Diviser $x^3 + y^3 + z^3 - 3xyz$ par $x + y + z$.

R. $x^2 + y^2 + z^2 - xy - yz - zx$.

313. Diviser $a^5 - a^4b + a^3b^2 - a^2b^3 + ab^4 - b^5$ par $a^2 - ab + b^2$.

R. $a^3 - b^3$.

314. Diviser $(a + b + c)^3 - a^3 - b^3 - c^3$ par $(a + b)(b + c)(c + a)$.

R. $(a + b + c)^3 - a^3 - b^3 - c^3 = [a + (b + c)]^3 - a^3 - b^3 - c^3 =$
$$a^3 + 3a^2(b + c) + 3a(b + c)^2 + (b + c)^3 - a^3 - b^3 - c^3 =$$
$$3a^2(b + c) + 3a(b + c)^2 + (b + c)^3 - (b^3 + c^3) =$$
$$(b + c)[3a^2 + 3a(b + c) + (b + c)^2 - (b^2 - bc + c^2)] =$$
$$(b + c)[3a^2 + 3a(b + c) + 3bc] =$$
$$(b + c)[3a(a + c) + 3b(a + c)] = 3(b + c)(a + c)(a + b).$$

Le diviseur étant $(a + b)(b + c)(c + a)$, le quotient est évidemment
$$Q = 3$$

On trouverait le même résultat en faisant la division en ordonnant le polynome dividende et le polynome diviseur suivant les puissances décroissantes de a, par exemple.

315. Écrire le quotient et le reste de la division de
$$x^5 - 5x^4 + 8x^3 - 6x^2 + 4x - 12 \text{ par } x - 3$$

R. Le quotient est : $x^4 - 2x^3 + 2x^2 + 4$.
Le reste est : 0.

316. Décomposer en un produit de 4 facteurs entiers l'expression $a^6 - b^6$.

R. $a^6 - b^6 = (a^3)^2 - (b^3)^2 = (a^3 - b^3)(a^3 + b^3) =$
$$(a - b)(a^2 + ab + b^2)(a + b)(a^2 - ab + b^2).$$

317. La différence entre les cubes de deux nombres entiers consécutifs est 91. Trouver ces nombres.

R. Soit x le plus petit nombre.

$(x + 1)^3 - x^3 = 91$ $3x^2 + 3x + 1 = 91$ $x(x + 1) = 30$ $x = 5$.

La solution négative ne convient pas ici.

318. La différence des cubes de deux nombres impairs consécutifs est 602. Trouver ces deux nombres.

R. x étant un nombre entier, deux nombres impairs consécutifs sont de forme :

$$2x - 1 \text{ et } 2x + 1$$
$$(2x + 1)^3 - (2x - 1)^3 = 602$$
$$24x^2 = 600, \qquad 4x^2 = 100, \qquad 2x = 10.$$

Les nombres cherchés sont donc : 9 et 11.

III

319. Simplifier la fraction $\dfrac{a^3 b^2 c^2 (a^2 b^2 - c^2 d^2)}{(ab - cd)^2}$

R. $\dfrac{a^3 b^2 c^2 (a^2 b^2 - c^2 d^2)}{(ab - cd)^2} = \dfrac{a^3 b^2 c^2 (ab + cd)(ab - cd)}{(ab - cd)^2} = \dfrac{a^3 b^2 c^2 (ab + cd)}{ab - cd}.$

320. Simplifier $\dfrac{63 b^4 x^3 (a^2 x^2 - b^2)}{7 a^3 b^3 x (ax + b)}$

R. $\dfrac{9 b x^2 (ax - b)}{a^3}.$

321. Simplifier $\dfrac{5ab + 10}{2a^2 b - ab^2 + 4a - 2b}$

R. $\dfrac{5ab + 10}{2a^2 b - ab^2 + 4a - 2b} = \dfrac{5(ab + 2)}{2a^2 b + 4a - (ab^2 + 2b)} =$

$\dfrac{5(ab + 2)}{2a(ab + 2) - b(ab + 2)} = \dfrac{5}{2a - b}.$

322. Simplifier $\dfrac{x^2 + 2x + 1}{x^2 - x - 2}$

R. $\dfrac{x^2 + 2x + 1}{x^2 - x - 2} = \dfrac{(x + 1)^2}{(x + 1)(x - 2)} = \dfrac{x + 1}{x - 2}.$

323. Simplifier $\dfrac{2x^2 - 7x + 3}{2x^3 - 11x^2 + 17x - 6}$

R. $\dfrac{2x^2 - 7x + 3}{2x^3 - 11x^2 + 17x - 6} = \dfrac{(x - 3)(2x - 1)}{(x - 3)(2x^2 - 5x + 2)} = \dfrac{2x - 1}{2x^2 - 5x + 2} =$

$\dfrac{2x - 1}{(2x - 1)(x - 2)} = \dfrac{1}{x - 2}.$

324. Effectuer et simplifier le résultat $\frac{3}{1-5x}-\frac{2}{1+5x}-\frac{20x}{1-25x^2}$

R.

$$\frac{3}{1-5x}-\frac{2}{1+5x}-\frac{20x}{1-25x^2}=\frac{3\,(1+5x)}{1-25x^2}-\frac{2\,(1+5x)}{1-25x^2}-\frac{20x}{1-25x^2}$$

$$=\frac{1+5x}{(1+5x)\,(1-5x)}=\frac{1}{1-5x}.$$

325. Effectuer et simplifier $\frac{3+4x}{3-x}-\frac{3x-2}{3+x}-\frac{10x^2-5x+15}{9-x^2}$

R. On réduit au même dénominateur : $(3+x)\,(3-x)$, comme dans l'exemple précédent, et on trouve :

$$\frac{3x\,(3-x)}{(3+x)\,(3-x)}\quad\text{ou :}\quad\frac{3x}{3+x}.$$

326. Effectuer et simplifier $\frac{y}{y-x}-\frac{x}{x+y}$

R. $\frac{y^2+x^2}{y^2-x^2}$.

327. Effectuer et simplifier $\frac{a+b}{b-a}+\frac{a-b}{a+b}+\frac{4a^2}{a^2-b^2}$

R. $\frac{a+b}{b-a}+\frac{a-b}{a+b}+\frac{4a^2}{a^2-b^2}=-\frac{a+b}{a-b}+\frac{a-b}{a+b}+\frac{4a^2}{a^2-b^2}=$

$$\frac{-(a+b)^2+(a-b)^2+4a^2}{a^2-b^2}=\frac{4a^2-4ab}{a^2-b^2}=\frac{4a}{a+b}.$$

328. Effectuer et simplifier $\frac{a+b}{a-b}+\frac{a-b}{a+b}-\frac{a^2+b^2}{a^2-b^2}$

R. Mêmes calculs : $\frac{a^2+b^2}{a^2-b^2}$.

329. Effectuer $\frac{1}{x}-\frac{2}{x-1}+\frac{1}{x-2}$

R. Mêmes calculs : $\frac{2}{x\,(x-1)\,(x-2)}$.

330. Effectuer et simplifier $\frac{x-2y}{y-x}+\frac{2y-x}{x+y}+\frac{2y^2}{y^2-x^2}$

R. Mêmes calculs : $\dfrac{2(y-x)}{y+x}$.

331. Effectuer et simplifier $\dfrac{1}{x+y} + \dfrac{y}{x^2-y^2} - \dfrac{x}{x^2+y^2}$

R. Mêmes calculs : $\dfrac{2xy^2}{x^4-y^4}$.

332. Effectuer et simplifier

$$\dfrac{1}{a(a-b)(a-c)} - \dfrac{1}{b(a-b)(b-c)} + \dfrac{1}{c(a-c)(b-c)}$$

R. Le dénominateur commun est : $abc(a-b)(a-c)(b-c)$.

$$\dfrac{1}{a(a-b)(a-c)} - \dfrac{1}{b(a-b)(b-c)} + \dfrac{1}{c(a-c)(b-c)} =$$

$$\dfrac{bc(b-c) - ac(a-c) + ab(a-b)}{abc(a-b)(a-c)(b-c)} =$$

$$\dfrac{c[b^2-bc-a^2+ac] + ab(a-b)}{abc(a-b)(a-c)(b-c)} =$$

$$\dfrac{c[c(a-b)-(a^2-b^2)] + ab(a-b)}{abc(a-b)(a-c)(b-c)}$$

On peut diviser les deux termes par $a-b$; la fraction devient :

$$\dfrac{c(c-a-b) + ab}{abc(a-c)(b-c)} = \dfrac{a(b-c)-c(b-c)}{abc(a-c)(b-c)}$$

On peut diviser les deux termes par $b-c$; la fraction devient :

$$\dfrac{a-c}{abc(a-c)} \quad \text{ou} : \quad \dfrac{1}{abc}.$$

333. Diviser $\dfrac{x^2}{y^2} + \dfrac{y}{x}$ par $\dfrac{x}{y^2} - \dfrac{1}{y} + \dfrac{1}{x}$ et simplifier.

R. Il faut diviser : $\dfrac{x^3+y^3}{xy^2}$ par : $\dfrac{x^2-xy+y^2}{xy^2}$

Ce qui donne : $\dfrac{x^3+y^3}{x^2-xy+y^2} = \dfrac{(x+y)(x^2-xy+y^2)}{x^2-xy+y^2} = x+y$.

334. Effectuer et simplifier $\dfrac{\dfrac{a+b}{a-b} - \dfrac{a-b}{a+b}}{1 - \dfrac{a-b}{a+b}}$

R. $\dfrac{2a}{a-b}$.

IV

335. Extraire la racine carrée du polynome
$$16x^6 - 40x^5 + x^4 + 78x^3 - 51x^2 - 36x + 36$$
R. $4x^3 - 5x^2 - 3x + 6$.

336. Extraire la racine carrée de
$$x^6 - 6x^5y + 15x^4y^2 - 20x^3y^3 + 15x^2y^4 - 6xy^5 + y^6$$
R. $x^3 - 3x^2y + 3xy^2 - y^3$ ou : $(x - y)^3$.

337. Extraire la racine carrée de
$$x^4 - (4a + 2)x^3 + (4a^2 + 10a - 8)x^2$$
$$- (12a^3 + 2a - 4)x + 9a^2 - 12a + 4$$
R. $x^2 - (2a + 1)x + 3a - 2$.

338. Extraire la racine carrée de $x^2 + \dfrac{1}{x^2} - 2\left(x - \dfrac{1}{x}\right) - 1$

R. Posons : $x - \dfrac{1}{x} = y$. D'où $x^2 + \dfrac{1}{x^2} - 2 = y^2$; $x^2 + \dfrac{1}{x^2} = y^2 + 2$.

L'expression devient donc : $y^2 + 2 - 2y - 1 = y^2 - 2y = 1$.

C'est le carré de $y - 1$; c'est donc le carré de $x - \dfrac{1}{x} - 1$; donc, la racine carrée cherchée est : $x - \dfrac{1}{x} - 1$.

339. Extraire la racine carrée de $\dfrac{a^2}{x^2} + \dfrac{x^2}{a^2} - 2\left(\dfrac{a}{x} - \dfrac{x}{a}\right) - 1$

R. Posons : $\dfrac{a}{x} - \dfrac{x}{a} = y$ $\dfrac{a^2}{x^2} + \dfrac{x^2}{a^2} = y^2 + 2$.

L'expression devient donc : $y^2 + 2 - 2y - 1$ ou $(y - 1)^2$.

La racine carrée cherchée est donc : $\dfrac{a}{x} - \dfrac{x}{a} - 1$.

REMARQUE. — Il est évident qu'on arriverait au même résultat, dans les deux exercices n°ˢ 338 et 339, en réduisant au même dénominateur et en extrayant directement la racine carrée.

340. Simplifier l'expression $18\sqrt{24} - 2\sqrt{216} - 3\sqrt{54} + \sqrt{384}$

$24 = 4 \times 6,\ 216 = 36 \times 6,\ 384 = 64 \times 6,\ 54 = 9 \times 6.$

$$13\sqrt{24} - 2\sqrt{216} - 3\sqrt{54} + \sqrt{384} = 13\sqrt{4 \times 6} - 2\sqrt{36 \times 6} -$$

$$3\sqrt{9 \times 6} + \sqrt{64 \times 6} =$$

$$13 \times 2\sqrt{6} - 2 \times 6\sqrt{6} - 3 \times 3\sqrt{6} + 8\sqrt{6} = 13\sqrt{6}.$$

341. Simplifier l'expression $15\sqrt{8} - 3\sqrt{18} + 7\sqrt{288} - 2\sqrt{32}$

R. $8 = 4 \times 2,\ 18 = 9 \times 2,\ 288 = 144 \times 2,\ 32 = 16 \times 2$

$$15\sqrt{8} - 3\sqrt{18} + 7\sqrt{288} - 2\sqrt{32} = 30\sqrt{2} - 9\sqrt{2} + 84\sqrt{2} -$$

$$8\sqrt{2} = 97\sqrt{2}.$$

342. Simplifier l'expression $12\sqrt{\frac{8}{9}} - \frac{3}{4}\sqrt{\frac{32}{81}} + \frac{5}{6}\sqrt{\frac{288}{625}}$

R. L'expression peut s'écrire :

$$12\sqrt{\frac{4 \times 2}{3^2}} - \frac{3}{4}\sqrt{\frac{16 \times 2}{9^2}} + \frac{5}{6}\sqrt{\frac{144 \times 2}{25^2}} =$$

$$\frac{24\sqrt{2}}{3} - \frac{3}{4} \times \frac{4\sqrt{2}}{9} + \frac{5}{6} \times \frac{12\sqrt{2}}{25} =$$

$$8\sqrt{2} - \frac{\sqrt{2}}{3} + \frac{2\sqrt{2}}{5} = \frac{121\sqrt{2}}{15}.$$

343. Simplifier l'expression $\frac{\sqrt{a^4 - a^3x - a^2x^2 + ax^3}}{\sqrt{a^2 + 2ax + x^2}}$

R. $$\frac{\sqrt{a^4 - a^3x - a^2x^2 + ax^3}}{\sqrt{a^2 + 2ax + x^2}} = \frac{\sqrt{a(a^3 + x^3) - a^2x(a + x)}}{\sqrt{(a + x)^2}} =$$

$$\frac{\sqrt{a(a + x)(a^2 - ax + x^2 - ax)}}{\sqrt{(a + x)^2}} = \sqrt{\frac{a(a + x)(a - x)^2}{(a + x)^2}} =$$

$$(a - x)\sqrt{\frac{a}{a + x}}.$$

344. Simplifier $\frac{(a - b)\sqrt{a^2 - b^2}}{(a + b)\sqrt{a^3 - 3a^2b + 3ab^2 - b^3}}$

R. $\dfrac{(a-b)\sqrt{a^2-b^2}}{(a+b)\sqrt{a^3-3a^2b+3ab^2-b^3}} = \dfrac{(a-b)\sqrt{a^2-b^2}}{(a+b)\sqrt{(a-b)^3}}$

$\dfrac{(a-b)\sqrt{a^2-b^2}}{(a+b)(a-b)\sqrt{a-b}} = \dfrac{\sqrt{a^2-b^2}}{(a+b)\sqrt{a-b}} = \dfrac{1}{a+b}\sqrt{\dfrac{a^2-b^2}{a-b}}$

$$\dfrac{1}{a+b}\times\sqrt{a+b} = \sqrt{\dfrac{a+b}{(a+b)^2}} = \dfrac{1}{\sqrt{a+b}}$$

345. Effectuer le produit $\left(3+\sqrt{45}\right)\left(3-\sqrt{5}\right)$

R. $\left(3+\sqrt{45}\right)\left(3-\sqrt{5}\right) = \left(3+3\sqrt{5}\right)\left(3-\sqrt{5}\right) =$

$3\left(1+\sqrt{5}\right)\left(3-\sqrt{5}\right) = 6\left(\sqrt{5}-1\right).$

346. Effectuer le produit $\left(4-\sqrt{12}+\sqrt{3}\right)\left(5+\sqrt{8}-\sqrt{18}\right)$

R. $\left(4-\sqrt{12}+\sqrt{3}\right)\left(5+\sqrt{8}-\sqrt{18}\right) =$

$\left(4-2\sqrt{3}+\sqrt{3}\right)\left(5+\sqrt{8}-2\sqrt{8}\right) =$

$\left(4-\sqrt{3}\right)\left(5-\sqrt{8}\right) = 23-9\sqrt{3}.$

347. Calculer $\dfrac{\sqrt{72}+\sqrt{128}-5\sqrt{2}}{\sqrt{8}}$

R. $\dfrac{\sqrt{72}+\sqrt{128}-5\sqrt{2}}{\sqrt{8}} = \dfrac{6\sqrt{2}+8\sqrt{2}-5\sqrt{2}}{2\sqrt{2}} = \dfrac{9}{2}$

348. Calculer $\dfrac{16\sqrt{27}-10\sqrt{45}+12\sqrt{3}}{\sqrt{12}}$

R. $\dfrac{16\sqrt{27}-10\sqrt{45}+12\sqrt{3}}{\sqrt{12}} = \dfrac{48\sqrt{3}-30\sqrt{5}+12\sqrt{3}}{2\sqrt{3}} =$

$$\dfrac{30\sqrt{3}-15\sqrt{5}}{\sqrt{3}}$$

Je multiplie par $\sqrt{3}$ le numérateur et le dénominateur :

$\dfrac{\left(30\sqrt{3}-15\sqrt{5}\right)\sqrt{3}}{3} = \left(10\sqrt{3}-5\sqrt{5}\right)\sqrt{3} = 30-5\sqrt{45}$

Trouver les coordonnées du point d'intersection de la droite $2x - 7y = 14$ avec la bissectrice de l'angle yox des directions positives des axes de coordonnées.

R. La bissectrice est caractérisée par $x = y$; on a donc à résoudre le système :

$$\begin{cases} 2x - 7y = 14 \\ x = y \end{cases} \qquad \text{D'où} : x = y = -\frac{14}{5}.$$

Trouver les coordonnées du point d'intersection de la même droite avec la bissectrice de l'angle $x'oy$.

R. La bissectrice de l'angle $x'oy$ est caractérisée par $-x = y$; on a donc à résoudre le système :

$$\begin{cases} 2x - 7y = 14 \\ -x = y \end{cases} \qquad \text{D'où} : x = \frac{14}{9}, \; y = \frac{14}{9}.$$

151. Résoudre le système

$$x + y + z = 12 \, ; \quad y + z + t = 9 \, ; \quad z + t + x = 10 \, ; \quad t + x + y = 11$$

R. Ajoutons membre à membre les quatre équations :

$$3(x + y + z + t) = 42.$$
$$x + y + z + t = 14 \qquad (1)$$

Si de (1) je retranche membre à membre la première équation : $t = 2$.

De même, si je retranche la seconde : $x = 5$;

De même, si je retranche la troisième : $y = 4$;

De même, si je retranche la quatrième : $z = 3$.

Résoudre le système

$$xyz = 3(xy - yz + zx) = 4(yz - xy + zx) = 5(xy - xz + yz)$$

R. Les équations peuvent s'écrire :

$$3(xy - yz + zx) = xyz \qquad (1)$$
$$4(yz - xy + zx) = xyz \qquad (2)$$
$$5(xy - xz + yz) = xyz \qquad (3)$$

Je divise les deux membres de (1) par $3xyz$;

Je divise les deux membres de (2) par $4xyz$;

Je divise les deux membres de (3) par $5xyz$.

$$\frac{1}{z} - \frac{1}{x} + \frac{1}{y} = \frac{1}{3} \qquad (4)$$

$$\frac{1}{z} - \frac{1}{x} + \frac{1}{y} = \frac{1}{3} \quad (5)$$

$$\frac{1}{x} - \frac{1}{y} + \frac{1}{z} = \frac{1}{5} \quad (6)$$

Ajoutons membre à membre (4) et (5) :

$$\frac{2}{y} = \frac{1}{8} + \frac{1}{4} = \frac{7}{12} \qquad\qquad \text{D'où : } y = \frac{24}{7}$$

Ajoutons membre à membre (5) et (6) :

$$\frac{2}{x} = \frac{1}{4} + \frac{1}{5} = \frac{9}{20} \qquad\qquad \text{D'où : } x = \frac{40}{9}$$

Ajoutons membre à membre (6) et (1) :

$$\frac{2}{z} = \frac{1}{5} + \frac{1}{3} = \frac{8}{15} \qquad\qquad \text{D'où : } z = \frac{15}{4}$$

353. Résoudre le système $8x = 4y = 5z$; $\dfrac{1}{x} + \dfrac{1}{y} + \dfrac{1}{z} = \dfrac{1}{20}$

R. Soit le système :

$$8x = 4y = 5z \qquad (1), (2)$$

$$\frac{1}{x} + \frac{1}{y} + \frac{1}{z} = \frac{1}{20} \qquad (3)$$

Posons : $8x = 4y = 5z = \dfrac{1}{\lambda}$.

D'où : $\dfrac{1}{x} = 8\lambda$; $\dfrac{1}{y} = 4\lambda$; $\dfrac{1}{z} = 5\lambda$.

Je porte ces valeurs dans (3) :

$$8\lambda + 4\lambda + 5\lambda = \frac{1}{20} \qquad\qquad \lambda = \frac{1}{240}$$

$$\frac{1}{x} = \frac{8}{240} \qquad\qquad \text{D'où : } x = \frac{240}{8} = 30 ;$$

$$\frac{1}{y} = \frac{4}{240} \qquad\qquad \text{D'où : } y = \frac{240}{4} = 60 ;$$

$$\frac{1}{z} = \frac{5}{240} \qquad\qquad \text{D'où : } z = \frac{240}{5} = 48.$$

354. Résoudre le système $\dfrac{x}{2} + \dfrac{y}{3} = 1$; $\dfrac{y}{3} + \dfrac{z}{4} = 1$; $\dfrac{z}{4} + \dfrac{x}{2} = 1$

Ajoutons membre à membre les trois équations :

$$2\left(\frac{x}{2} + \frac{y}{3} + \frac{z}{4}\right) =$$

$$\frac{x}{2} + \frac{y}{3} + \frac{z}{4} = \frac{3}{2} \quad (1)$$

Je retranche membre à membre la première équation de (1) :

$$\frac{z}{4} = \frac{3}{2} - 1 = \frac{1}{2} \qquad z = 2$$

Je retranche membre à membre la deuxième équation de (1) :

$$\frac{x}{2} = \frac{3}{2} - 1 = \frac{1}{2} \qquad x = 1$$

Je retranche membre à membre la troisième équation de (1) :

$$\frac{y}{3} = \frac{3}{2} - 1 = \frac{1}{2} \qquad y = \frac{3}{2}$$

Résoudre le système $2x + 3y = 4$; $4x + 2z = 3$; $3z + 4y = 2$

$$x = \frac{47}{52} \qquad y = \frac{19}{26} \qquad z = -\frac{4}{13}$$

Résoudre le système
$$\begin{cases} (b+c)x + (c+a)y + (a+b)z = 0 \\ x + y + z = 0 \\ bcx + cay + abz = 1 \end{cases}$$

$$x = \frac{1}{(a-b)(a-c)} \qquad y = \frac{1}{(b-c)(b-a)}$$

$$z = \frac{1}{(c-a)(c-b)}$$

La grande base d'un trapèze vaut 10 mètres ; la petite base vaut ... mètres ; la hauteur vaut 5 mètres. On prolonge les côtés non parallèles jusqu'à leur rencontre. Trouver la hauteur d'un des triangles ainsi obtenus.

(Le procédé a été indiqué précédemment. Voir n° 173, p. 60.)

La petite hauteur est $7^{m},50$; la hauteur totale est $12^{m},50$.

On donne les deux bases d'un trapèze et un des autres côtés ; mener une parallèle aux bases telle que la portion comprise entre les deux côtés non parallèles soit égale à une longueur donnée.

R. (*Voir fig. 21*). Soit ABCD le trapèze donné ; on donne
DC = b, AD = a ; soit EG = l la parallèle cherchée ; soit DE =
EF = $l - b$, AH = B $- b$; par D je
mène la parallèle DFH à CB.

Les deux triangles semblables DEF,
DAH donnent :

$$\frac{EF}{AH} = \frac{DE}{DA} \qquad \frac{l-b}{B-b} = \frac{x}{a}$$

$$x = \frac{a\,(l-b)}{B-b}.$$

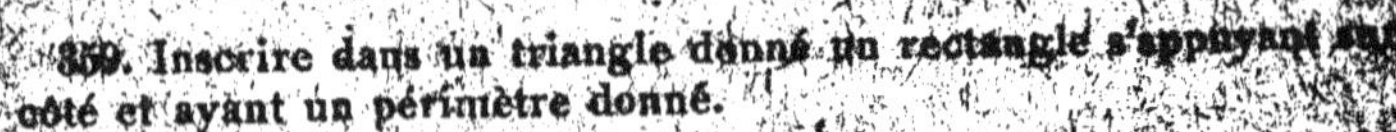

Fig. 21.

359. Inscrire dans un triangle donné un rectangle s'appuyant sur un
côté et ayant un périmètre donné.

R. (Le problème a été indiqué précédemment. Voir n° 175, p. 87.)

360. Calculer le rayon d'une circonférence tangente à une droite donnée en un point donné et tangente à une circonférence donnée.

R. (*Voir fig. 22*). Soit I le centre de la circonférence donnée de rayon R,
soit IB = a, la distance de I à la droite donnée ; soit b la distance du point
de contact donné A au point B.

Soit O le centre de la circonférence
cherchée ; soit x son rayon ; je joins OI
et par O je mène la parallèle OK à AB.

Le triangle rectangle OKI donne :

$$(x + R)^2 = b^2 + (a - x)^2$$

$$2Rx + R^2 = b^2 + a^2 - 2ax$$

$$x = \frac{b^2 + a^2 - R^2}{2(R + a)}$$

Il y a un calcul analogue pour la circonférence tangente intérieurement à I.

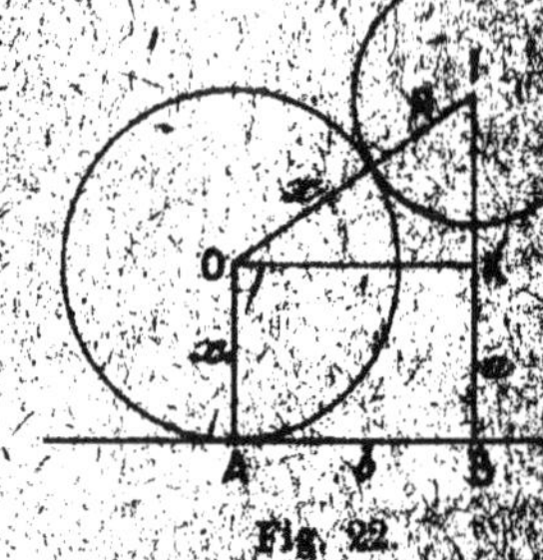

Fig. 22.

361. Quelle est la fraction qui devient égale à $\frac{3}{4}$ quand on augmente

ses deux termes de 7 et à $\frac{1}{2}$ quand on les augmente de 1 ?

R. Soit $\dfrac{x}{y}$ la fraction cherchée.

$$\frac{x+7}{y+7} = \frac{3}{4} \quad (1) \qquad \frac{x+1}{y+1} = \frac{1}{2} \quad (2)$$

$$x = 2, \qquad y = 5. \qquad \text{La fraction est } \frac{2}{5}$$

On forme la longueur du mètre en alignant 30 pièces d'argent de 2 francs et de 5 francs. Sachant que le diamètre d'une pièce de 2 francs est de 27 millimètres, et que le diamètre d'une pièce de 5 francs est de 37 millimètres, combien emploie-t-on de pièces de 2 francs et de pièces de 5 francs?

Soit x le nombre des pièces de 2 francs;
Soit y le nombre des pièces de 5 francs.

$$x + y = 30 \qquad (1)$$
$$27\,x + 37\,y = 1\,000 \qquad (2)$$

$x = 11$ pièces de 2 francs ; $y = 19$ pièces de 5 francs.

Mener une parallèle à la base d'un triangle de façon à former un trapèze ayant un périmètre donné.

(Ce problème a été traité précédemment. Voir n° 179, p. 62.)

Dans une machine d'Atwood, chacun des poids constants est de 50 grammes. Quel doit être le poids additionnel pour que la vitesse du mobile soit de 30 centimètres au bout de 1 seconde ?

On sait que $g' = \dfrac{m}{2M + m} \times g$, m étant le poids additionnel, M étant le poids de chacun des poids égaux, g l'accélération due à la pesanteur et g' la nouvelle accélération.

Le mouvement est un mouvement uniformément varié ; la vitesse change à chaque instant ; supposons que l'on cherche la vitesse au bout de 1 seconde.

$$v = g' \times 1 \quad - \quad 30 = \dfrac{m}{100 + m} \times 981$$

$$m = 3^{gr},15.$$

Un vase rempli successivement de deux liquides dont les densités d et d' pèse p et p', le poids du vase étant compris. Trouver le poids et la capacité du vase.

Soit V le volume du vase ; soit P son poids.

$$V \times d + P = p \qquad (1)$$
$$V \times d' + P = p' \qquad (2)$$
$$V \times d = p - P.$$
$$V \times d' = p' - P.$$

Divisant membre à membre :

$$\frac{d}{d'} = \frac{p - P}{p' - P} \qquad\qquad P = \frac{dp' - d'p}{d - d'}$$

En retranchant membre à membre :

$$V(d - d') = p - p' \qquad V = \frac{p - p'}{d - d'}$$

366. Un aréomètre à volume constant doit être chargé de 20 grammes pour affleurer dans l'eau à 4°, de 50 grammes pour affleurer dans un liquide dont le poids spécifique est 1,53 et de 35 grammes pour affleurer dans un troisième liquide dont on cherche le poids spécifique. Trouver ce poids spécifique et le poids absolu de l'instrument.

R. Soit P le poids de l'aéromètre ; soit V son volume ; soit x le poids spécifique du troisième liquide :

(1) $P + 20 = V$ P en grammes.

(2) $P + 50 = V \times 1,53$ V en centimètres cubes.

(3) $P + 35 = V \times x$.

Je retranche membre à membre (1) de (2) :

$$30 = V(1,53 - 1) = V \times 0,53$$
$$V = 56^{cmc},604$$
$$P = 36^{g},604$$
$$x = \frac{71,604}{56,604} = 1,26 \text{ par excès.}$$

367. La longueur d'une barre métallique est 12 mètres quand on la retire d'un bain dont la température est de 15°, et $12^{m},001476$ quand on la retire d'un deuxième bain ; le coefficient de dilatation du métal est 0,0000123. Calculer sa longueur à 0° et la température du deuxième bain.

R. Le coefficient de dilatation étant désigné par K.
Soit l_0 la longueur de la barre à la température 0° ;
Soit l_t la longueur de la barre à la température $t°$.
On sait que :

$$l_t = l_0(1 + Kt)$$

Donc, en désignant par x la température du deuxième bain, on a :

$$l_{15} = l_0(1 + 15K) = 12 \qquad (1)$$
$$l_x = l_0(1 + Kx) = 12,001476 \qquad (2)$$

En divisant membre à membre (1) par (2) :

$$\frac{1 + 15K}{1 + x \times K} = \frac{12}{12,001476}$$

Comme K = 0,0000123, on en déduit x sans difficulté,

puis

$$l_0 = \frac{12}{1 + 15K}.$$

Un alliage d'argent et de platine se tient en équilibre dans le mercure. Trouver le titre de cet alliage par rapport à l'argent, sachant que les poids spécifiques de l'argent, du mercure et du platine sont [illegible] 13,6 et 21.

C'est une application du principe d'Archimède.

Soit x le poids de l'argent ; soit y le poids du platine ; le titre du lingot par rapport à l'argent est :

$$\frac{x}{x+y}; \qquad \text{le volume de l'argent est } \frac{x}{10,5}$$

$$\text{le volume du platine est } \frac{y}{21}$$

La poussée est donc, dans le mercure :

$$\left(\frac{x}{10,5}+\frac{y}{21}\right)\times 13,6$$

$$x+y=\left(\frac{x}{10,5}+\frac{y}{21}\right)\times 13,6$$

$$(x+y)\,10,5\times 21=(21x+10,5y)\times 13,6$$

$$777\,y=656\,x.$$

$$\frac{x}{y}=\frac{777}{656} \qquad \text{D'où : } \frac{x}{x+y}=\frac{777}{777+656}=0,326.$$

VI. — Résolution d'équations.

Résoudre l'équation : $3(x-5)(x-2)=7(x-7)(x-6)+40$

En faisant les calculs, on trouve : $2x^2-35x+152=0$

Les racines sont : $x'=8$; $\quad x''=\frac{19}{2}$.

Résoudre l'équation : $\frac{3}{5(x^2-1)}+\frac{1}{10(x+1)}=\frac{23}{238}$.

L'équation peut s'écrire : $\frac{6}{10(x^2-1)}+\frac{x-1}{10(x^2-1)}=\frac{23}{238}$

$$\frac{x+5}{10(x^2-1)}=\frac{23}{238}$$

$$115x^2-119x-710=0$$

Il n'y a qu'à appliquer la formule.

Résoudre l'équation : $\frac{x+5}{x-5}+\frac{x-5}{x+5}=\frac{10}{3}$

R.
$$\frac{(x+5)^2}{x^2-25} + \frac{(x-5)^2}{x^2-25} = \frac{10}{3}$$

$$\frac{2x^2 + 50}{x^2-25} = \frac{10}{3} \qquad x' = +10, \qquad x'' = -10.$$

372. Résoudre l'équation : $\dfrac{7}{x-3} + \dfrac{8}{x-5} = 3$

R.
$$7(x-5) + 8(x-3) = 3(x-3)(x-5)$$
$$x^2 - 12x + 27 = 0 \qquad x' = 3, \qquad x'' = 9.$$

373. Résoudre l'équation : $\dfrac{7}{5(x-3)} + \dfrac{8}{3(x-15)} = \dfrac{11}{4x-[illegible]}$

R. En réduisant au même dénominateur et en chassant le dénominateur commun :
$$(12x + 195)(4x - 25) = 165(x-3)(x-15)$$
$$241x^2 - 2665x + 2550 = 0$$
$$x' = 10 \qquad x'' = \frac{255}{241}$$

374. Résoudre l'équation : $(x-3)(x-4)(x+5) = 60$

R. En effectuant les calculs, on trouve : $x^3 - 2x^2 - 23x = 0$,
ou :
$$x(x^2 - 2x - 23) = 0.$$
ou bien :
$$x = 0.$$
ou bien : $\quad x^2 - 2x - 23 = 0 \qquad x' = 1 - 2\sqrt{6}, \qquad x'' = 1 + 2\sqrt{6}.$

375. Résoudre l'équation : $x^2 - 2bx + b^2 - a^2 = 0$

R.
$$x' = b - a ; \qquad x'' = b + a.$$

376. Résoudre l'équation : $a^2 x^2 - (a+b)x - 1 = b^2 x^2 + (a-b)x$ [illegible]
Appliquer au cas où $a = 5$, $b = 3$.

R.
$$x' = \frac{1}{a-b} \qquad x'' = \frac{1}{a+b}$$

Si $\quad a = 5, \qquad b = 3, \qquad x' = \frac{1}{2}, \qquad x'' = \frac{1}{8}.$

377. Résoudre l'équation : $4x^4 - 9x^2 + 5 = 0$

R. Équation bicarrée.
$$x' = -1 \qquad x'' = +1 \qquad x_3 = \frac{\sqrt{5}}{2} \qquad x_4 = -\frac{\sqrt{5}}{2}$$

Résoudre l'équation : $36x^4 - 13x^2 + 1 = 0$

Équation bicarrée.

$$x' = -\frac{1}{2} \qquad x'' = +\frac{1}{2} \qquad x'_1 = -\frac{1}{3} \qquad x''_1 = +\frac{1}{3}$$

Résoudre l'équation : $3x + 5\sqrt{x} = 68$

$$5\sqrt{x} = 68 - 3x, \quad \text{il faut donc : } 68 - 3x \geqslant 0.$$

$$25x = (68 - 3x)^2 \qquad x > 0$$

$$9x^2 - 433x + 4624 = 0.$$

Il n'y a qu'une racine acceptable : $x = 16$.

Résoudre l'équation : $5x\sqrt[2]{x} - 3\sqrt[4]{x^3} = 296.$

L'équation peut s'écrire : $5\sqrt[2]{x^3} - 3\sqrt[4]{x^3} = 296.$

Je pose : $\sqrt[4]{x^3} = y$, donc : $\sqrt[2]{x^3} = y^2, \quad y > 0.$

$$5y^2 - 3y - 296 = 0.$$

La racine positive seule convient : $y = 8.$

$$\sqrt[4]{x^3} = 8 \qquad x^3 = 8^4 = (2^3)^4 = (2^4)^3.$$

$$x = 2^4 = 16.$$

Résoudre l'équation : $5\sqrt{x} - \frac{7}{\sqrt{x}} = 34$

$$5x - 7 = 34\sqrt{x}. \qquad 5x - 7 > 0.$$

$$(5x - 7)^2 = 34^2 \times x \qquad x = 49.$$

Résoudre l'équation : $3\sqrt[2]{x} - 5\sqrt[4]{x} = 12$

Je pose : $\sqrt[4]{x} = y$, donc : $\sqrt[2]{x} = y^2, \quad y > 0$

$$3y^2 - 5y - 12 = 0.$$

La racine positive seule convient :

$$y = 3, \qquad x = y^4, \qquad x = 81.$$

Résoudre l'équation : $\sqrt{3x} - 4x + 99 = 0$

$$\sqrt[2]{3x} = 4x - 99 \qquad 4x - 99 > 0$$

$$3x = (4x - 99)^2 \qquad x' = 27$$

384. Résoudre l'équation : $3x + \sqrt{6x + 10} = 35$

R.
$$\sqrt{6x + 10} = 35 - 3x \qquad 35 - 3x \geqslant 0$$
$$6x + 10 = (35 - 3x)^2 \qquad 6x + 10 > 0$$
$$3x^2 - 72x + 405 = 0 \qquad \text{La racine } x = 9 \text{ est seule acceptable.}$$

385. Résoudre l'équation : $x - \sqrt{5x - 15} = 3$

R.
$$x - 3 = \sqrt{5x - 15} \qquad x - 3 \geqslant 0$$
$$(x - 3)^2 = 5x - 15$$
$$x^2 - 11x + 24 = 0 \qquad x = 3, \qquad x = 8$$

386. Résoudre l'équation : $2x + \sqrt{5x - 4} = 12$

R.
$$\sqrt{5x - 4} = 12 - 2x \qquad 6 - x \geqslant 0$$
$$5x - 4 = (12 - 2x)^2$$
$$4x^2 - 5x + 148 = 0 \qquad x = 4$$

387. Résoudre l'équation : $x^2 + 7x + \sqrt{x^2 + 7x + 10} = 100$

R. L'équation peut s'écrire :
$$x^2 + 7x + 10 + \sqrt{x^2 + 7x + 10} = 110$$

Je pose :
$$\sqrt{x^2 + 7x + 10} = y \qquad y > 0$$

d'où :
$$x^2 + 7x + 10 = y^2$$
$$y^2 + y - 110 = 0.$$

Je ne prends que la racine positive : $y = +10$.
$$x^2 + 7x + 10 = 100.$$
$$x^2 - 7x - 90 = 0 \qquad x = \frac{7 \pm \sqrt{49 + 360}}{2} = \frac{7 \pm \sqrt{409}}{2}$$

388. Résoudre l'équation : $2x^2 - 15 = 4\left(\sqrt{x^2 + 12x - 20} - 6x\right)$

R. L'équation peut s'écrire :
$$2x^2 + 24x - 15 = 4\sqrt{x^2 + 12x - 20}$$

ou :
$$2x^2 + 24x - 40 + 25 = 4\sqrt{x^2 + 12x - 20}$$

ou :
$$2(x^2 + 12x - 20) + 25 = 4\sqrt{x^2 + 12x - 20}.$$

$$\sqrt{x^2 + 12x - 20} = y \qquad\qquad y > 0$$
$$2y^2 + 25 = 4y \quad \text{ou} \quad 2y^2 - 4y + 25 = 0.$$

Cette équation n'a pas de racine.
L'équation proposée n'a pas de solution.

289. Résoudre l'équation : $\sqrt{28 + 2x} = \sqrt{21 + x} + 1$

J'élève au carré les deux membres de l'équation proposée :
$$28 + 2x \geqslant 0$$
$$21 + x \geqslant 0$$
$$6 + x = 2\sqrt{21 + x} \qquad\qquad 6 + x \geqslant 0$$
$$(6 + x)^2 = 4(21 + x)$$
$$x^2 + 8x - 48 = 0.$$

La racine négative ne convient pas ;
La racine positive seule convient : $x = 4$.

290. Résoudre l'équation : $\sqrt{2x + 7} + \sqrt{5x - 29} = 3\sqrt{x}$

J'élève au carré les deux membres de l'équation :
$$2x + 7 + 5x - 29 + 2\sqrt{(2x + 7)(5x - 29)} = 9x$$
$$2\sqrt{(2x + 7)(5x - 29)} = 2x + 22$$
$$\sqrt{(2x + 7)(5x - 29)} = x + 11 \qquad\qquad x + 11 \geqslant 0$$
$$(2x + 7)(5x - 29) \geqslant 0$$
$$(2x + 7)(5x - 29) = (x + 11)^2$$
$$9x^2 - 45x - 324 = 0$$

La seule racine acceptable est 9.

291. Résoudre l'équation : $\sqrt{7x + 1} - \sqrt{3x + 1} = \sqrt{2x - 6}$

$$\sqrt{7x + 1} - \sqrt{3x + 1} \geqslant 0 \quad 7x + 1 \geqslant 0 \quad 3x + 1 \geqslant 0 \quad 2x - 6 < 0.$$

J'élève au carré les deux membres de l'équation proposée :
$$4x + 4 = \sqrt{(7x + 1)(3x + 1)} \qquad\qquad x + 1 > 0.$$

J'élève encore au carré les deux membres de l'équation :
$$5x^2 - 22x - 15 = 0.$$

La racine négative ne convient pas ;
La racine positive seule convient : $x = 5$.

392. Résoudre l'équation : $\sqrt{3x-5}-\sqrt{2x-5}=1$

R. $$3x-5 \geqslant 0 \qquad 2x-5 \geqslant 0$$
$$\sqrt{3x-5}-\sqrt{2x-5} > 0$$

J'élève au carré les deux membres de l'équation :
$$5x-11 = 2\sqrt{(3x-5)(2x-5)} \qquad 5x-11 \geqslant 0$$

J'élève au carré les deux membres :
$$x^2-10x+21=0.$$

Les deux racines sont : 3 et 7 ; comme elles conviennent à toutes les conditions, elles sont toutes les deux acceptables :
$$x'=3\,; \qquad x''=7$$

VII. — Résolution de systèmes

393. Résoudre le système : $\begin{cases} x^2y-y^2x=30 \\ \dfrac{1}{y}-\dfrac{1}{x}=\dfrac{2}{15} \end{cases}$

R. La première équation peut s'écrire :
$$xy\,(x-y)=30 \qquad (1)$$

La deuxième équation peut s'écrire :
$$\frac{x-y}{xy}=\frac{2}{15} \qquad (2)$$

Multiplions membre à membre (1) par (2) :
$$(x-y)^2=4 \qquad x-y=\pm 2$$

Divisons membre à membre : $x^2y^2=15^2$; $\qquad xy=\pm 15$

Puisque le produit $xy\,(x-y)=30$, il s'ensuit que xy et $x-y$ sont de même signe.

ou bien : $\begin{cases} x-y=2 \\ xy=15 \end{cases}$ (A) $\qquad$ ou bien : $\begin{cases} x-y=-2 \\ xy=-15 \end{cases}$ (B)

Système (A) : $\quad (x-y)^2+4xy=(x+y)^2=64 \qquad x+y=\pm 8$

ou bien : $\begin{cases} x-y=2 \\ x+y=8 \end{cases} \begin{cases} x=5 \\ y=3 \end{cases}$ $\qquad$ ou bien : $\begin{cases} x-y=2 \\ x+y=-8 \end{cases} \begin{cases} x=-3 \\ y=-5 \end{cases}$

Système (B) : $(x-y)^2+4xy=(x+y)^2=4-60=-56.$
Le système B ne donne pas de solution.

394. Résoudre le système : $\begin{cases} x+y=9 \\ \dfrac{1}{x}+\dfrac{1}{y}=\dfrac{1}{2} \end{cases}$

... équation peut s'écrire :

$$\frac{x+y}{xy} = \frac{1}{2} \qquad \text{ou} \qquad \frac{9}{xy} = \frac{1}{2} \qquad xy = 18$$

donc le système : $\begin{cases} x + y = 9 \\ xy = 18 \end{cases}$

$x = 3$ $y = 6$ ou inversement, puisque les équations ne changent pas si on change x en y et y en x.

Résoudre le système : $\begin{cases} xy = 72 \\ 2x + 3y = 48 \end{cases}$

On multiplie les deux membres de la première équation par 2×3.

$$2x \times 3y = 432$$

On pose : $2x = X$; $3y = Y$.

D'où le système :

$$\begin{cases} X + Y = 48 \\ XY = 432 \end{cases}$$

$X = 36,$ $Y = 12$ ou bien $X = 12,$ $Y = 36$

$X = 36,$ $Y = 12,$ $x = 18,$ $y = 4$

$X = 12,$ $Y = 36;$ $x = 6,$ $y = 12.$

Résoudre le système : $\begin{cases} \sqrt{x} + \sqrt{y} = 5 \\ x + y = 13 \end{cases}$

$$x > 0, \qquad y > 0.$$

Élève au carré les deux membres de la première équation :

$$x + y + 2\sqrt{xy} = 25$$

$$2\sqrt{xy} = 12 \qquad \sqrt{xy} = 6$$

$$xy = 36$$

D'où le système $\begin{cases} x + y = 13 \\ xy = 36 \end{cases}$

$x = 4$ avec $y = 9$; ou bien $x = 9$ avec $y = 4$

car les équations ne changent pas quand on change x en y et y en x.

Résoudre le système : $\begin{cases} x^2 + xy = 85 \\ y^2 + xy = 14 \end{cases}$

$$\begin{cases} x^2 + xy = 85 & (1) \\ y^2 + xy = 14 & (2) \end{cases}$$

La première équation peut s'écrire : $x(x + y) = 85$.

La deuxième équation peut s'écrire : $y(x+y) = 14$.

Donc, en divisant (1) par (2) :

$$\frac{x}{y} = \frac{35}{14} = \frac{5}{2}$$

ou : $\qquad \dfrac{x}{5} = \dfrac{y}{2} = \dfrac{x+y}{7} \qquad$ d'où : $x+y = \dfrac{7x}{5}$

Je remplace $x + y$ par cette valeur dans (1) :

$$\frac{x \times 7x}{5} = 35 \qquad x^2 = 25 \qquad x = \pm 5$$

De même : $x + y = \dfrac{7y}{2}$

Je remplace $x + y$ par cette valeur dans (2) :

$$y \times \frac{7y}{2} = 14 \qquad y^2 = 4 \qquad y = \pm 2$$

Mais, comme $\dfrac{x}{5} = \dfrac{y}{2}$, il est nécessaire que x et y soient de même signe.

$$x = +5 \text{ avec } y = +2 \qquad \text{ou bien : } x = -5 \text{ avec } y = -2$$

398. Résoudre le système : $\begin{cases} 2x^2 - 5xy + 7y^2 = 38 \\ 3x^2 - xy + 2y^2 = 78 \end{cases}$

On pose $y = tx$ et on substitue dans les deux équations ; puis on divise membre à membre.

R. Je pose : $y = tx$.

La première équation devient : $\qquad x^2(2 - 5t + 7t^2) = 38 \quad (1)$

La deuxième équation devient : $\qquad x^2(3 - t + 2t^2) = 78$

En divisant membre à membre :

$$\frac{2 - 5t + 7t^2}{3 - t + 2t^2} = \frac{19}{39}$$

$$235t^2 - 176t + 21 = 0$$

$$t_1 = \frac{7}{47} \qquad t_2 = \frac{141}{235}$$

Remplaçons t par $\dfrac{7}{47}$ dans (1)

$$x^2\left(2 - \frac{5 \times 7}{47} + \frac{7 \times 49}{47^2}\right) = 38$$

$$x^2 = \frac{47^2}{82} \qquad x = \pm\frac{47}{\sqrt{82}} \qquad y = \pm\frac{7}{47} \times \frac{47}{\sqrt{82}} = \pm\frac{7}{\sqrt{82}}$$

De même, si on remplace t par t_2, mêmes calculs.

Résoudre le système : $\begin{cases} x^3 - y^3 = 39(x-y) \\ x^3 + y^3 = 19(x+y) \end{cases}$

On peut mettre $x - y$ en facteur dans (1) ;
on peut mettre $x + y$ en facteur dans (2).

Nous avons donc les systèmes :

$$x - y = 0 \atop x + y = 0 \Big\}\ (A) \qquad \begin{matrix} x - y = 0 \\ x^2 - xy + y^2 = 39 \end{matrix} \Big\}\ (B) \qquad \begin{matrix} x^2 + xy + y^2 = 39 \\ x + y = 0 \end{matrix} \Big\}\ (C)$$

$$\begin{matrix} x^2 + xy + y^2 = 39 \\ x^2 - xy + y^2 = 19 \end{matrix} \Big\}\ D.$$

Système (A) $\qquad x = 0 \ ; \qquad y = 0.$

Système (B) $\qquad x^2 = 39 ; \qquad x = +\sqrt{39} ; \qquad y = +\sqrt{39}$

$\qquad\qquad\qquad$ ou : $\qquad x = -\sqrt{39} ; \qquad y = -\sqrt{39}.$

Système (C) $\qquad x^2 = 39 ; \qquad x = +\sqrt{39} ; \qquad y = -\sqrt{39}$

$\qquad\qquad\qquad$ ou : $\qquad x = -\sqrt{39} ; \qquad y = +\sqrt{39}.$

Système (D) $\qquad$ Je retranche membre à membre :

$$2xy = 20. \qquad xy = 10.$$
$$(x+y)^2 = 49 \qquad x + y = \pm 7$$
$$(x-y)^2 = 9 \qquad x - y = \pm 3$$

$\begin{cases} x + y = 7 \\ x - y = 3 \end{cases}$ $\qquad$ d'où : $x = 5 ; \qquad y = 2$

$\begin{cases} x + y = +7 \\ x - y = -3 \end{cases}$ $\qquad$ d'où : $x = 2 ; \qquad y = 5$

$\begin{cases} x + y = -7 \\ x - y = 3 \end{cases}$ $\qquad$ d'où : $x = -2 ; \qquad y = -5$

$\begin{cases} x + y = -7 \\ x - y = -3 \end{cases}$ $\qquad$ d'où : $x = -5 ; \qquad y = -2.$

Résoudre le système : $\begin{cases} x^3 + y^3 = \dfrac{35}{216} \\[2mm] x^2 + y^2 - xy = \dfrac{7}{36} \end{cases}$

$$\begin{cases} x^3 + y^3 = \dfrac{35}{216} & (1) \\[2mm] x^2 + y^2 - xy = \dfrac{7}{36} & (2) \end{cases}$$

La première équation peut s'écrire :

$$(x + y)(x^2 - xy + y^2) = \frac{35}{216}$$

Je divise membre à membre par (2) :

$$x + y = \frac{5}{6} \quad (3)$$

J'élève au carré les deux membres de l'équation (3), et je retranche membre à membre (2) de (4) :

$$x^2 + y^2 + 2xy = \frac{25}{36} \quad (4)$$

$$x^2 + y^2 - xy = \frac{7}{36} \quad (2)$$

$$xy = \frac{1}{6} \quad (5)$$

On est donc ramené à trouver deux nombres, connaissant leur somme $x + y = \frac{5}{6}$ et leur produit $xy = \frac{1}{6}$.

Les deux nombres cherchés sont : $x = \frac{1}{2}$, $y = \frac{1}{3}$ ou inversement.

401. Résoudre le système : $\begin{cases} x^3 - y^3 = \dfrac{217}{1728} \\ x^2 + y^2 + xy = \dfrac{217}{144} \end{cases}$

R.

$$x^3 - y^3 = \frac{217}{1728} \quad (1)$$

$$x^2 + y^2 + xy = \frac{217}{144} \quad (2)$$

La première équation peut s'écrire :

$$(x - y)(x^2 + xy + y^2) = \frac{217}{1728}$$

Je divise membre à membre par (2) :

$$x - y = \frac{217}{1728} \times \frac{144}{217} = \frac{1}{12} \quad (3)$$

J'élève au carré les deux membres de (3) :

$$x^2 - 2xy + y^2 = \frac{1}{144} \quad (4)$$

Je retranche membre à membre (4) de (2) :

$$3xy = \frac{216}{144} = \frac{3}{2} \quad \quad xy = \frac{1}{2} \quad (5)$$

J'élève au carré les deux membres de (3) et j'ajoute les deux membres de (5) préalablement multipliés par 4.

$$(x + y)^2 = \frac{1}{144} + 2 = \frac{289}{144}$$

$$x + y = \pm \frac{17}{12} ; \text{ on a donc :}$$

$$\begin{cases} x + y = \dfrac{17}{12} \\ x - y = \dfrac{1}{12} \end{cases} \qquad x = \frac{3}{4}; \qquad y = \frac{2}{3}$$

$$\begin{cases} x + y = -\dfrac{17}{12} \\ x - y = \dfrac{1}{2} \end{cases} \qquad x = -\frac{2}{3}; \qquad y = -\frac{3}{4}$$

Résoudre le système : $\begin{cases} x + y + \sqrt{xy} = 19 \\ x^2 + y^2 + xy = 133 \end{cases}$

$$\begin{cases} x + y + \sqrt{xy} = 19 & (1) \\ x^2 + y^2 + xy = 133 & (2) \end{cases}$$

Pose $x + y = X, \sqrt{xy} = Y \qquad X + Y = 19$

$$x^2 + 2xy + y^2 = X^2 \ (3) \qquad\qquad xy = Y^2$$

Retranche membre à membre (2) de (3) :

$$xy = X^2 - 133 \quad \text{ou } Y^2 = X^2 - 133$$

$$X^2 - Y^2 = 133 \quad (4) \qquad \text{qui peut s'écrire :}$$

$$(X + Y)(X - Y) = 133 \qquad \text{or : } X + Y = 19$$

$$X - Y = 7$$

$$X = 13 ; \qquad Y = 6$$

$\begin{cases} x + y = 13 \\ xy = 36 \end{cases} \qquad x = 4, \qquad y = 9 \qquad$ ou inversement.

Résoudre le système : $\begin{cases} x^2 + xy + y^2 = 7(x + y) \\ x^2 - xy + y^2 = 9(x - y) \end{cases}$

$$\begin{cases} x^2 + xy + y^2 = 7(x + y) & (1) \\ x^2 - xy + y^2 = 9(x - y) & (2) \end{cases}$$

La deuxième équation peut s'écrire évidemment :

$$9(x - y) = x^2 - xy + y^2$$

On multiplie membre à membre (1) par (2) ainsi écrite :

$$9(x^2 - y^2) = 7(x^2 + y^2)$$

$$x^2 = 8y^2 \qquad\qquad x = 2y$$

On remplace x par $2y$ dans (1) :

$$y(y - 3) = 0 \qquad \text{d'où : } y = 0 \text{ et } x = 0$$

$$y = 3 \qquad\qquad \text{d'où:} \qquad\qquad x = 6.$$

404. Résoudre le système : $\begin{cases} x + y = 10 \\ x^3 + y^3 - x^2 - y^2 - 5xy = 207 \end{cases}$

R. $\begin{cases} x + y = 10 & (1) \\ x^3 + y^3 - (x^2 + y^2) - 5xy = 207 & (2) \end{cases}$

J'élève au cube les deux membres de l'équation (1) :

$$x^3 + 3xy\,(x + y) + y^3 = 1.000$$
$$x^3 + y^3 = 1\,000 - 30xy \quad (3)$$

J'élève au carré les deux membres de l'équation (1) :

$$x^2 + y^2 = 100 - 2xy \quad (4)$$

Je remplace $x^3 + y^3$ et $x^2 + y^2$ par leurs valeurs dans (2) :

$$1\,000 - 30xy - (100 - 2xy) - 5xy = 207.$$
$$xy = 21$$

On a donc : $\begin{cases} x + y = 10 \\ xy = 21 \end{cases}$ $x = 3,\qquad y = 7$ ou inversement.

405. Résoudre le système : $\begin{cases} xy\,(x - y) = 30 \\ x^3 - y^3 = 98 \end{cases}$

R. $\begin{cases} xy\,(x - y) = 30 & (1) \\ x^3 - y^3 = 98 & (2) \end{cases}$ $x - y$ ne peut pas être nul, par hypoth[èse].

En écrivant (2) sous la forme évidente :

$$98 = x^3 - y^3$$

et en multipliant membre à membre avec (1) :

$$98xy\,(x - y) = 30\,(x - y)\,(x^2 + xy + y^2)$$

je divise les deux membres par $x - y$ qui est différent de 0 :

$$98xy = 30\,(x^2 + xy + y^2)$$
$$15x^2 - 34xy + 15y^2 = 0$$

ou $$15\left(\frac{x}{y}\right)^2 - 34\left(\frac{x}{y}\right) + 15 = 0$$

ou bien : $\dfrac{x}{y} = \dfrac{3}{5}$; ou bien : $\dfrac{x}{y} = \dfrac{5}{3}$

Si : $\dfrac{x}{y} = \dfrac{3}{5}$, $x = \dfrac{3y}{5}$; je remplace dans (2) :

$$\frac{27y^3}{125} - y^3 = 98 \,;\qquad \frac{-98y^3}{125} = 98 \,;\qquad \begin{matrix} y = -5 \\ x = -3 \end{matrix}$$

Si : $\dfrac{x}{y} = \dfrac{5}{3}$, $x = \dfrac{54}{3}$; je remplace dans (2) :

$$\frac{125y^3}{27} - y^3 = 98 \,;\qquad \frac{98y^3}{27} = 98 \,;\qquad \begin{matrix} y = +3 \\ x = +5 \end{matrix}$$

Résoudre le système : $\begin{cases} x^2y + xy^2 = 290 \\ x^2 + y^2 = 29 \end{cases}$

$$\begin{cases} x^2y + xy^2 = 290 & (1) \\ x^2 + y^2 = 29 & (2) \end{cases}$$

L'équation (1) peut s'écrire :

$$xy\,(x^2 + y^2) = 290 \quad \text{donc :} \ xy = 10$$

D'où le système : $\begin{cases} x^2 + y^2 = 29 \\ xy = 10 \end{cases}$

$$\begin{cases} x = 2 \\ y = 5 \end{cases} \text{ou :} \begin{cases} x = -2 \\ y = -5 \end{cases} \text{ou :} \begin{cases} x = 5 \\ y = 2 \end{cases} \text{ou :} \begin{cases} x = -5 \\ y = -2 \end{cases}$$

Résoudre le système : $\begin{cases} x^4 - y^4 = 240 \\ x^2 - y^2 = 12 \end{cases}$

$$\begin{cases} x^4 - y^4 = 240 & (1) \\ x^2 - y^2 = 12 & (2) \end{cases}$$

La première équation peut s'écrire :

$$(x^2 - y^2)\,(x^2 + y^2) = 240$$

$$x^2 + y^2 = 20$$

d'où : $\begin{cases} x^2 + y^2 = 20 \\ x^2 - y^2 = 12 \end{cases} \qquad \begin{aligned} x^2 &= 16 \\ y^2 &= 4 \end{aligned}$

$$\begin{cases} x = 4 \\ y = 2 \end{cases} \text{ou :} \begin{cases} x = 4 \\ y = -2 \end{cases} \text{ou :} \begin{cases} x = -4 \\ y = -2 \end{cases} \text{ou :} \begin{cases} x = -4 \\ y = +2 \end{cases}$$

Résoudre le système : $\begin{cases} x - y + x^2 - y^2 = 60 \\ x + y + x^2 + y^2 = 120 \end{cases}$

J'ajoute membre à membre les deux équations :

$$2x + 2x^2 = 180 \qquad x^2 + x - 90 = 0$$

$$x = 9 \qquad x = -10$$

Je retranche membre à membre les deux équations :

$$2y + 2y^2 = 60 \qquad y^2 + y - 30 = 0$$

$$y = 5, \qquad y = -6$$

Donc, ou bien : $\qquad x = 9 ; \qquad y = 5$

ou bien : $\qquad x = 9 ; \qquad y = -6$

ou bien : $\qquad x = -10 ; \quad y = 5$

ou bien : $\qquad x = -10 ; \quad y = -6$

---

409. Deux trains partent en même temps des extrémités A et B
chemin de fer. Le premier arrive en B $3^h 45^m$ et le deuxième
$9^h 36^m$ après leur rencontre. On demande le temps que chacun
pour parcourir la ligne entière.

R. Soit M le point de rencontre entre A et B. Soit x le temps que
les deux trains à se rencontrer ; pendant le temps x, le train parti
parcourt AM ; pendant $3^h 45$, il parcourt MB ; réciproquement, pe
le temps x, le train parti de B parcourt BM ; pendant $9^h 36$, il pa
MA.

Donc
$$\frac{3^h 45}{x} = \frac{x}{9^h 36} , \quad \text{ou, en réduisant en minutes :}$$
$$x^2 = 225 \times 576 \qquad x = 360 \text{ minutes.}$$
$$x = 6 \text{ heures}$$

Le train parti de A met donc $9^h 45$.
Le train parti de B met donc $15^h 36$.

410. Deux trains parcourent en 12 heures l'un une certaine di
inconnue, l'autre 114^{km} de plus ; on sait que le deuxième trai
45 minutes de moins que le premier pour parcourir $142^{km},5$. Tr
la première distance et la vitesse moyenne de chaque train.

R. La première distance est **456** kilomètres. La vitesse moyenne du
mier train est de **38** kilomètres à l'heure ; la vitesse moyenne du deu
train est de $47^{km},5$ à l'heure.

411. On partage 1 200 fr. en parties proportionnelles aux car
3 nombres pairs consécutifs. La part moyenne est 384 fr. Quell
les deux autres ?

R. Soit X la première part ; la deuxième est 384 ; soit Y la troi
part. Soient $2x - 2$, $2x$, et $2x + 2$, les trois nombres pairs consécut

$$\frac{X}{(2x-2)^2} = \frac{384}{(2x)^2} = \frac{Y}{(2x+2)^2} = \frac{X + 384 + Y}{12x^2 + 8} = \frac{1200}{12x^2 + 8}$$

du deuxième rapport au dernier, on trouve : $x = 4$

$$\frac{X}{36} = \frac{384}{64} \qquad X = 216 \text{ fr.} ; \qquad Y = 600 \text{ fr.}$$

Deux négociants ont entrepris une affaire avec une mise totale 10 000 fr. ; l'argent du premier est resté 5 mois dans l'entreprise ; du second, 2 mois. Chacun a reçu à la fin 9 000 fr. pour sa mise et bénéfice ; on demande la mise et le bénéfice de chacun.

Soit x la mise du premier ; soit y la mise du second.

$$x + y = 10\,000 \qquad (1)$$

Bénéfice du premier est : $9\,000 - x$.

Bénéfice du second est : $9\,000 - y$.

Les bénéfices sont proportionnels aux mises et aux temps :

$$\frac{9\,000 - x}{5x} = \frac{9\,000 - y}{24}$$

$$xy = 15\,000x - 6\,000y \qquad (2)$$

J'ai à résoudre le système :

$$\left\{ \begin{array}{l} x + y = 10\,000 \qquad (1) \\ xy = 15\,000x - 6\,000y \quad (2) \end{array} \right.$$

Je prends y dans (1) ; je porte dans (2) et j'ai l'équation du second degré :

$$x^2 + 11\,000x - 60\,000\,000 = 0$$

Cette équation a une racine positive et une racine négative ; la racine positive seule est acceptable.

$$x = 4\,000 \text{ fr.} ; \text{ donc } y = 6\,000 \text{ fr.}$$

Le bénéfice du premier est donc : 5 000 francs.

Le bénéfice du second est donc : 3 000 francs.

L'escompte d'un billet de 2 460 fr. est 67 fr. 65. Si l'échéance est rapprochée de 55 jours et le taux augmenté de $1\frac{1}{2}$ 0/0, l'escompte serait le même. Trouver le taux et l'échéance.

Soit x le taux ; soit y le nombre de jours pour l'échéance :

$$\frac{2\,460 \times y \times x}{36\,000} = 67,65 \qquad (1)$$

$$\frac{2\,460 \times (y - 55)\,(x + 1,5)}{36\,000} = 67,65 \qquad (2)$$

L'équation (1) simplifiée devient :

$$xy = 990 \qquad (3)$$

L'équation (2) simplifiée devient :

$$(y - 55)(x + 1,5) = 990$$
$$xy - 55x + 1,5x - 55 \times 1,5 = 990$$

ou, en tenant compte de (3) :

$$1,5y - 55x = 55 \times 1,5$$

ou :

$$3y - 110x = 165 \quad (4)$$

Je prends y dans (4), je porte dans (3) :

$$2x^2 + 3x - 54 = 0$$

La racine positive seule convient : $x = 4$ fr. 5

J'en déduis : $y = 220$ jours.

414. Connaissant deux côtés d'un triangle et la surface, trouver le troisième côté.

R. (*Voir fig. 23*). Soit le triangle ABC ; je connais a, b, et S ; soit c côté inconnu. En appelant h la hauteur correspondant à a, on a :

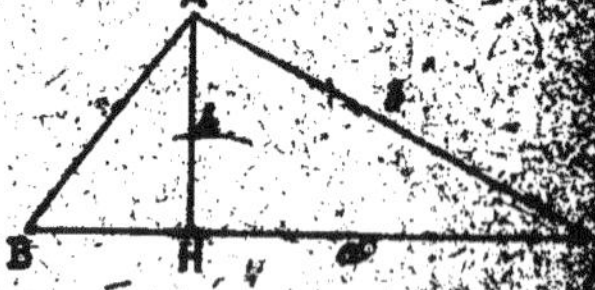

$$2S = a \times h \qquad \text{d'où : } h = \frac{2S}{a}$$

$$c^2 = b^2 + a^2 - 2a \times HC$$

$$HC = \sqrt{b^2 - \frac{4S^2}{a^2}}$$

$$c^2 = b^2 + a^2 - 2a \sqrt{b^2 - \frac{4S^2}{a^2}}$$

Fig. 23.

415. Calculer les arêtes d'un parallélépipède rectangle, connaissant surface totale, la diagonale d'une face et la somme des arêtes.

R. Faire une figure.

Soient x, y, z les trois arêtes du parallélépipède rectangle ; chaque ... est répétée deux fois ; chaque arête est répétée quatre fois ; soit ... surface totale, soit l la somme des arêtes ; soit d la diagonale de la face qui contient x et y :

$$\begin{cases} x + y + z = l & (1) \\ xy + yz + zx = m^2 & (2) \\ x^2 + y^2 = d^2 & (3) \end{cases}$$

J'élève au carré les deux membres de la première équation :

$$x^2 + y^2 + z^2 + 2(xy + yz + zx) = l^2$$

ou :

$$x^2 + d^2 + 2m^2 = l^2$$

$$z^2 = l^2 - 2m^2 - d^2 \; ; \; \text{si } l^2 - 2m^2 - d^2 > 0$$

$$z = + \sqrt{l^2 - 2m^2 - d^2}$$

$$\begin{cases} x + y = l + \sqrt{l^2 - 2m^2 - d^2} & (4) \\ x^2 + y^2 = d^2 & (3) \end{cases}$$

... est résolu.

... connaissant la hauteur h, la grande base B et le volume V d'un ... pyramide, calculer l'autre base.

... ait que :

$$V = \frac{h}{3}(B + b + \sqrt{Bb})$$

... sont connus ; l'inconnue est b.

$$\left(\frac{3V}{h} - B\right) - b = \sqrt{Bb} \quad (1)$$

... au carré les deux membres de (1) :

$$\left(\frac{3V}{h} - B\right)^2 - 2\left(\frac{3V}{h} - B\right) \times b + b^2 = Bb$$

$$b^2 - b\left(\frac{3V}{h} - B\right) + \left(\frac{3V}{h} - B\right)^2 = 0$$

... du second degré.

... B est la grande base, on choisira parmi les deux racines celle ... petite que B.

... trouver du second degré, car, dans la formule primitive, l'équa... change pas si on remplace B par b et b par B.

... connaissant la surface totale et le rayon de la base d'un cône, ... volume.

... une figure.

... latérale ; soit R le rayon de base ; soit h la hauteur ; R est ... $\pi R m$ la surface totale donnée.

$$\pi R l + \pi R^2 = \pi R m$$

$$l + R = m \quad (1) \qquad \text{D'où} : l = m - R.$$

... volume.

$$3V = \pi R^2 h ; \quad \text{or} : h^2 = l^2 - R^2$$

$$3V = \pi R^2 \sqrt{(m - R)^2 - R^2}$$

$$V = \frac{\pi R^2}{3} \sqrt{m(m - 2R)}$$

... couper une sphère par un plan de manière que l'aire de la sec... la moitié de la petite zone adjacente.

R. Faire une figure (*Voir fig. 15, p. 91*).

Soit x la distance du centre au plan sécant.

La surface de la section est : $\pi (R^2 - x^2)$.

La surface de la zone est : $2\pi R (R - x)$.

$$\pi (R^2 - x^2) = \frac{1}{2} 2\pi R (R - x)$$

$$x^2 - Rx = 0 \qquad x (x - R) = 0$$

$x = R$ correspond à un plan tangent, solution évidente.

$x = 0$ correspond à un plan qui passe par le centre.

La section est un grand cercle πR^2 ; la zone est la moitié de $2\pi R^2$, qui est bien le double du grand cercle de section.

419. Couper une sphère par un plan de manière que l'aire de la section soit égale à la différence des zones déterminées.

R. Même figure (*Voir fig. 15, p. 91*).

$$\pi (R^2 - x^2) = 2\pi R (R + x) - 2\pi R (R - x)$$

$$x^2 + 4Rx - R^2 = 0$$

La solution positive seule convient : $x = R (\sqrt{5} - 2)$.

420. Un cône droit donné étant inscrit dans une sphère, plan parallèle à la base du cône, tel que la différence obtenues dans les deux corps soit équivalente à un cercle donné.

(La question a été traitée précédemment. Voir n° 245, p. 91.)

421. Couper une sphère par un plan tel que le plus petit sphère déterminé et le cône de même base ayant son sommet de la sphère soient équivalents.

R. (*Voir fig. 15, p. 91*). La hauteur du segment sphérique et la surface de base est $\pi (R^2 - x^2)$.

Le volume du cône a pour expression :

$$\frac{1}{3} \pi (R^2 - x^2) \times x$$

Le volume du segment a pour expression :

$$\frac{\pi (R^2 - x^2)}{2} \times (R - x) + \frac{1}{3} \pi (R - x)^2$$

Donc :

$$\frac{1}{3} \pi (R^2 - x^2) x = \frac{\pi (R^2 - x^2)}{2} (R - x) + \frac{1}{3} \pi (R - x)$$

Je remarque que je peux diviser par $\pi (R - x)$ qui est différent de zéro (cela donnerait $x = R$, solution évidente) :

$$x^2 + Rx - R^2 = 0$$

La solution positive est seule acceptable : $x = \dfrac{R(\sqrt{5}-1)}{2}$

Inscrire dans une sphère un cylindre de surface latérale don-

(fig. 17, p. 92). Soit $4\pi m^2$ la surface donnée ; la hauteur du cylindre est $2y$; le rayon de base est x

$$2\pi x \times 2y = 4\pi m^2 \qquad \text{ou} : xy = m^2 \quad (1)$$
$$x^2 + y^2 = R^2 \qquad\qquad (2)$$
$$(x + y)^2 = R^2 + 2m^2 \qquad (x - y)^2 = R^2 - 2m^2$$

Pour que le problème soit possible, il faut que :
$$R^2 - 2m^2 \geqslant 0 \qquad 2m^2 \leqslant R^2, \qquad 4\pi m^2 \leqslant 2\pi R^2$$

Donc $4\pi m^2 = 2\pi R^2$, c'est-à-dire la moitié de la surface de la sphère est le maximum de la surface latérale ; alors $x = y$; le profil de la surface est un carré.

$$x + y = \sqrt{R^2 + 2m^2}, \qquad x - y = \sqrt{R^2 - 2m^2}$$

et y.

$$x + y = \sqrt{R^2 + 2m^2} \qquad x - y = -\sqrt{R^2 - 2m^2}$$

et y.

Circonscrire à une sphère un cône droit dont la surface convexe double de sa base.

(Voir fig. 18, pl. 93). $\qquad AH = AI = x ; SI = y.$
La surface latérale est : $\pi x (x + y)$.
La surface de base est : πx^2.
$$\pi x (x + y) = 2\pi x^2 \qquad x^2 - xy = 0, \qquad x (x - y) = 0$$
$x = y$; le profil est un triangle équilatéral.
$$x = y = R\sqrt{3} \qquad AB = 2R\sqrt{3}.$$

La profondeur d'un puits est de 100^m. On lâche une pierre à son orifice. Au bout de combien de secondes le bruit de la chute de la pierre dans l'eau parviendra-t-il à l'oreille ? (Vitesse du son, 340^m par seconde ; $g = 9^m,8088$).

Soit t le temps de chute de la pierre ; soit t' le temps que met le son à monter ; soit x le temps cherché.
$$x = t + t'$$
$$100 = \frac{1}{2} g t^2 \qquad\qquad 100 = 340 \times t'$$
$$t = \sqrt{\frac{200}{g}} \qquad t' = \frac{5}{17} \qquad x = 4 \text{ secondes } 7 \text{ dixièmes.}$$

425. La somme des quatre termes du milieu d'une [progression] arithmétique de 10 termes est 68 ; le produit des extrêmes [est 64]. Quels sont les termes ?

R. Soit $2y$ la raison ; soit x le nombre équidistant du cinquième [et du] sixième terme de la progression ; les termes de la progression sont donc :
$$x - 9y,\ x - 7y,\ x - 5y,\ x - 3y,\ x - y,\ x + y,\ x + 3y,\ x + 5y, \ldots$$

La somme des quatre termes du milieu est donc :
$$4x \text{ ou : } 68 \qquad 4x = 68 \qquad x = 17$$

Le produit du premier par le dernier est :
$$(x - 9y)(x + 9y) \text{ ou } x^2 - 81y^2 = 64 \qquad y = \frac{5}{2}$$

Les termes sont donc :
$$2 ;\ \frac{18}{2} ;\ \frac{28}{2} ;\ 12 ;\ \frac{46}{2} ;\ \frac{56}{2} ;\ 22 ;\ \frac{76}{2} ;\ \frac{86}{2} ; \ldots$$

426. Dans une progression arithmétique d'un nombre impair [de] termes, la somme des termes de rang impair est 240 et la somme [des] termes de rang pair est 216. Trouver le terme du milieu et le nombre des termes.

R. Soit x le terme du milieu ; soit r la raison ; soit $2n + 1$ le nombre des termes ; les termes de la progression sont :
$$x - nr,\ x - (n-1)r, \ldots x - r,\ x, x + r,\ x + 2r, \ldots x + nr$$

Le nombre des termes de rang pair est : n.
Le nombre des termes de rang impair est : $n + 1$.
$$nx = 216 \qquad (n+1)x = 240 \qquad \text{d'où : } x = 24$$
$$n = 9$$

427. Les trois côtés d'un triangle rectangle forment une progression arithmétique dont la raison est 7. Calculer les côtés.

R. Soit x le côté moyen ; les deux autres côtés sont : $x - 7$ et $x + 7$.
$$(x + 7)^2 = x^2 + (x - 7)^2$$
$$x^2 - 28x = 0 \qquad x = 0 \text{ ne convient pas.}$$
$$x = 28$$

Les côtés sont : 21 ; 28 ; 35.

428. Insérer entre 1 et 31 des moyens arithmétiques en nombre tel [que la] somme de ces moyens soit 4 fois plus grande que la somme des [deux] plus grands d'entre eux.

R. Soit x la raison ; soit p le nombre des moyens insérés ; les [termes] sont donc $1 + x,\ 1 + 2x, \ldots 1 + px$.

... x + 3 est 31 ; or, il a pour racine $1 + (p + 1)x$) donc

$$(p + 1)x = 30 \quad (1)$$

... des termes insérés est :

$$\frac{[2 + (p + 1)x]p}{2}$$

$$\frac{2p + p(p + 1)x}{2} = \frac{2p + 30p}{2} = 16p$$

... plus grands sont : $1 + (p - 1)x$ et $1 + px$,
... somme est : $2 + (2p - 1)x$,

$$16p = 4[2 + (2p - 1)x] \quad \text{ou} : \quad 4p = 2 + 2px - x \quad (2)$$

... place x tiré de (1) ; je porte dans (2) :

$$2p^2 - 20p + 14 = 0.$$

... être entier ; la racine fractionnaire $\frac{1}{2}$ ne convient pas ; l'unique
... acceptable est 14 ;

$$p = 14 ; \text{ donc } x = 2.$$

On partage la hauteur d'un triangle en n parties égales, et par
point de division on mène une parallèle à la base. On construit
... la base et sur chaque parallèle en remontant un rectangle
... entre deux parallèles consécutives. Trouver la somme des
... ces rectangles, et la limite de cette somme quand n augmente
... ment.

... it a la base ; soit h la hauteur ; la première parallèle à partir du
... comme longueur x telle que $\frac{x}{a} = \frac{1}{n}$ ou $x = \frac{a}{n}$; le rectangle correspondant
... pour aire $\frac{a}{n} \times \frac{h}{n}$ ou $\frac{ah}{n^2}$;

... la parallèle suivante :

$$\frac{y}{a} = \frac{2}{n} \qquad y = \frac{2a}{n}$$

... le correspondant aura pour aire : $\frac{2a}{n} \times \frac{h}{a}$ ou : $\frac{2ah}{n^2}$;

... les suivants ont pour aires : $\frac{3ah}{n^2}, \frac{4ah}{n^2}, \dots \frac{nah}{n^2}$ ou $\frac{ah}{n}$

... somme des aires de ces rectangles est donc :

$$\frac{ah}{n^2} + \frac{2ah}{n^2} + \frac{3ah}{n^2} \dots + \frac{nah}{n^2}$$

$$S_n = \frac{ak\,(n+1)}{2n}$$

La limite, quand x grandit indéfiniment, est $S = \dfrac{ak}{2}$.

430. Les trois angles d'un triangle rectangle sont en [progression] géométrique. Calculer les angles aigus à 1 seconde près.

R. Les angles étant exprimés *en radiants*, soient x et y les [angles]

$$x + y = \frac{\pi}{2} \ (1) \qquad y^2 = x \times \frac{\pi}{2} \ (2) \qquad x = \frac{\pi}{2} - y$$

$$y^2 = \left(\frac{\pi}{2} - y\right) \frac{\pi}{2}$$

en remplaçant π par 3,14 :

$$y^2 + 1{,}57 y - 2{,}46 = 0.$$

La racine positive seule convient. On transforme ensuite en degrés :

$$x = 34^\circ 22' 38'' ; \qquad y = 55^\circ 27' 20''.$$

431. Sachant que $\log 2 = 0{,}3010300$, en déduire sans table le log de 125.

R.
$$\log. 10 = 1$$
$$\log. 10 = \log. 2 \times 5 = \log. 2 + \log. 5 = 1$$
$$\log. 5 = 1 - \log. 2$$
$$\log. 125 = \log. 5^3 = 3 \log. 5$$
$$\log. 125 = 3\,(1 - \log. 2) = 3\,(1 - 0{,}3010300)$$
$$\log 125 = 2{,}0969100.$$

432. La capacité du corps de pompe d'une machine pneumatique [est] $1^{\text{dm}}{,}5$; celle du récipient est $6^{\text{dm}}{,}75$; la pression atmosphérique [est] 760^{mm}. Calculer la pression dans le récipient après 15 coups de piston.

R. C étant la capacité du corps de pompe, R étant la capacité [du réci]pient ; au bout de n coups de piston, en désignant par x la pression [et H] la pression atmosphérique :

$$x = H \times \left(\frac{R}{C + R}\right)^n$$

$$x = 760 \times \left(\frac{6{,}75}{6{,}75 + 1{,}5}\right)^{15} = 760 \times \left(\frac{45}{55}\right)^{15}$$

$$\begin{cases} \log x + \log y = 3 & (1) \\ 5x^2 - 8y^2 = 11\,300 & (2) \end{cases}$$

(1) peut s'écrire :

$$\log xy = 3 \qquad xy = 10^3 = 1\,000$$

le système : $\begin{cases} 5x^2 - 8y^2 = 11\,300 \\ xy = 1\,000 \end{cases}$

$$5x^4 - 11\,300x^2 - 8\,000\,000 = 0$$

positive en x^2 seule est acceptable.

$$x^2 = 2\,500 \qquad x = 50 \qquad x \text{ devant être positif.}$$

$$y = 20.$$

COMPLÉMENTS D'ALGÈBRE

Corrigé des Exercices

Diviser $a^3 - 3a^2 b + 3ab^2 - b^3$ par $a^2 - 2ab + b^2$. Vérifier $a = 3$, $b = 2$.

$$a - b$$

Diviser $a^5 + 5a^4 b + 10a^3 b^2 + 10a^2 b^3 + 5ab^4 + b^5$ par $a^3 + 3a^2 b + 3ab^2 + b^3$. Vérifier pour $a = 1$, $b = 1$.

$$a^2 + 2ab + b^2 \qquad \text{ou} : (a + b)^2$$

Diviser $27x^3 + 8y^3$ par $3x + 2y$.

On sait que : $\qquad a^3 + b^3 = (a + b)(a^2 - ab + b^2)$

$$(3x)^3 + (2y)^3 = (3x + 2y) \, [(3x)^2 - 3x \times 2y + (2y)^2]$$

Le quotient est donc : $\qquad 9x^2 - 6xg + 4y^2$.

Il est évident qu'on peut faire l'opération directement.

Diviser $x^3 - x^2 y + xy^2 - y^3$ par $x - y$.

$x^3 - x^2 y + xy^2 - y^3$ peut s'écrire :

$$x^2 (x - y) + y^2 (x - y) = (x^2 + y^2)(x - y)$$

Le quotient est : $\qquad x^2 + y^2$

On voit qu'on peut faire directement la division.

Corrigé

R. Le quotient est : …

439. Diviser $(x+y)^5 + z^5$ par $x+y+z$.

R. On vient de voir (Exercice nº 438) que le quotient de $a^5 + b^5$ par $a+b$ est $a^4 - a^3b + a^2b^2 - ab^3 + b^4$.

Ici on a : $(x+y)^5 + z^5$ à diviser par $(x+y)+z$.

Donc le quotient est :

$$(x+y)^4 - (x+y)^3 z + (x+y)^2 z^2 - (x+y) z^3 + z^4$$

On peut évidemment faire la division.

440. Trouver les sept premiers termes du quotient de la division suivante :
$$\frac{1}{1+x}$$

R. Les sept premiers termes du quotient sont :
$$1 - x + x^2 - x^3 + x^4 - x^5 + x^6$$

et le reste est :
$$-x^7$$

441. Trouver les sept premiers termes du quotient de la division suivante :
$$\frac{1}{1-x}$$

R. Les sept premiers termes du quotient sont :
$$1 + x + x^2 + x^3 + x^4 + x^5 + x^6$$

et le reste est :
$$+x^7$$

442. Trouver les sept premiers termes du quotient de la division suivante :
$$\frac{x}{1+x}$$

R. On peut faire le calcul direct ou bien dire :
$$\frac{x}{1+x} = \frac{1+x-1}{1+x} = \frac{1+x}{1+x} - \frac{1}{1+x} = 1 - \frac{1}{1+x}$$

le quotient de 1 par $1+x$ est indiqué au nº 440.

on trouve donc : $x - x^2 + x^3 - x^4 + x^5 - x^6 + x^7$

et le reste est :
$$-x^7$$

Les premiers termes du quotient sont :

$$-x^3 + x^6 - x^9 + x^{12} - x^{15} + x^{18}$$

$$-x^{21}.$$

Trouver les sept premiers termes du quotient et le reste de la division suivante : $\dfrac{1+x}{1-x}$

Les sept premiers termes du quotient sont :

$$1 + 2x + 2x^2 + 2x^3 + 2x^4 + 2x^5 + 2x^6$$

et le reste :

$$2x^7.$$

Trouver les sept premiers termes du quotient et le reste de la division suivante : $\dfrac{1+2x}{1-2x}$

Les sept premiers termes du quotient sont :

$$1 + 4x + 8x^2 + 16x^3 + 32x^4 + 64x^5 + 128x^6$$

et le reste :

$$256x^7.$$

Trouver les sept premiers termes du quotient et le reste de la division suivante : $\dfrac{1-x}{1+x}$

Les sept premiers termes du quotient sont :

$$1 - 2x + 2x^2 - 2x^3 + 2x^4 - 2x^5 + 2x^6$$

et le reste :

$$-2x^7.$$

Trouver les sept premiers termes du quotient et le reste de la division suivante : $\dfrac{1-2x}{1+2x}$

Les sept premiers termes du quotient sont :

$$1 - 4x + 8x^2 - 16x^3 + 32x^4 - 64x^5 + 128x^6$$

$$-256x^7.$$

448. Trouver les sept premiers termes du quotient de la division suivante : $\dfrac{x}{x^2+x+1}$

R. Le quotient est : $x^7 - x^6 + x^4 - x^3 + x - 1$
et le reste est : $+1$.

449. Trouver les sept premiers termes du quotient de la division suivante : $\dfrac{x}{1+x+x^2}$

R. Le quotient est : $x - x^3 + x^4 - x^6 + x^7 - x^9 + x^{10}$
et le reste est : $-x^{11} - x^{12}$.

450. Trouver le reste de la division suivante : $\dfrac{x^4 - \ldots}{x - \ldots}$

R. -7.

451. Trouver le reste de la division suivante :

$$\dfrac{2x^3 + 17x^2 - 68x - 35}{x + \frac{1}{2}}$$

R. -3.

452. Déterminer m de telle sorte que

1° $x^3 + 2x^2 - x - m$ soit divisible par $x - 1$;

2° $x^5 + x^3 - 8x^2 + m$ soit divisible par $x + 2$.

R. 1° Le polynome doit s'annuler quand on remplace x par 1,
donc : $m = 2$.

2° Le polynome doit s'annuler quand on remplace x par -2,
donc : $m = 72$.

453. Décomposer en produits de facteurs, en s'appuyant sur la division par $x \pm a$, les expressions suivantes :

$$x^3 - 3x + 2$$
$$x^3 - 3x^2 + 4$$
$$x^3 - 2x^2 - x + 6$$

$$\dots = \dots\, x^2 - 7x \dots (x + 5)(x - \dots$$

$$\dots = \dots (x + 2).$$

s'annule pour $x = -1$

$$(x^2 - 4x + 4) = (x + 1)(x - 2)^2.$$

s'annule pour $x = -3$

$$(x + 3)(x^2 - x + 2).$$

Calculer la valeur de la fraction

$$\frac{x^3 - 7x + 10}{x^3 + 1} \qquad \text{pour } x = 2$$

valeur est 0.

Calculer la valeur de la fraction

$$\frac{x^3 - 5x + 6}{x^3 - 7x + 10} \qquad \text{pour } x = 2$$

$$\frac{x^3 - 5x + 6}{x^3 - 7x + 10} = \frac{(x - 2)(x - 3)}{(x - 2)(x - 5)} = \frac{x - 3}{x - 5}$$

on a : $+\dfrac{1}{3}$.

Calculer la valeur de la fraction

$$\frac{(x - 1)^3}{x^3 - x^2 - x + 1} \qquad \text{pour } x = 1$$

$$\frac{(x - 1)^3}{x^3 - x^2 - x + 1} = \frac{(x - 1)^3}{x^2(x - 1) - (x - 1)} = \frac{(x - 1)^3}{(x - 1)(x^2 - 1)} =$$

$$= \frac{1}{x + 1} \qquad \text{pour } x = 1, \text{ on trouve : } \frac{1}{2}.$$

Résoudre
$$\begin{cases} ay + bx = c \\ cx + az = b \\ bz + cy = a \end{cases}$$

$$\begin{cases} ay + bx = c & (1) \\ bz + cy = a & (2) \\ cx + az = b & (3) \end{cases}$$

et j'ai :

$$
\begin{cases}
\dfrac{x}{a}+\dfrac{y}{b}=\dfrac{c}{ba}+\dfrac{c^2}{abc}\\[2mm]
\dfrac{y}{b}+\dfrac{z}{c}=\dfrac{a}{bc}+\dfrac{a^2}{abc}\\[2mm]
\dfrac{z}{c}+\dfrac{x}{a}=\dfrac{b}{ca}+\dfrac{b^2}{abc}
\end{cases}
$$

J'ajoute membre à membre les trois équations (5), (6) ...

$$
2\left(\frac{x}{a}+\frac{y}{b}+\frac{z}{c}\right)=\frac{a^2+b^2+c^2}{abc}
$$

ou :

$$
\frac{x}{a}+\frac{y}{b}+\frac{z}{c}=\frac{a^2+b^2+c^2}{2abc}
$$

En retranchant membre à membre (5) de (7) ; (6) de (7) ...

$$
\frac{z}{c}=\frac{a^2+b^2+c^2}{2abc}-\frac{2c^2}{2abc}=\frac{a^2+b^2-c^2}{2abc}
$$

D'où :

$$
\begin{cases}
z=\dfrac{a^2+b^2-c^2}{2ab}\\[2mm]
x=\dfrac{b^2+c^2-a^2}{2bc}\\[2mm]
y=\dfrac{c^2+a^2-b^2}{2ca}
\end{cases}
$$

458. Résoudre
$$
\begin{cases}
(b+c)x+(a+c)y+(a+b)z=\dots\\
x+y+z=\dots\\
bcx+cay+abz=\dots
\end{cases}
$$

R. Il n'y a qu'à faire les calculs et l'on trouve :

$$
\begin{cases}
x=\dfrac{1}{(b-a)(c-a)}\\[2mm]
y=\dfrac{1}{(c-b)(b-a)}\\[2mm]
z=\dfrac{1}{(c-b)(c-a)}
\end{cases}
$$

459. Résoudre par rapport à x, y, z le système

$$
m^2(x-y)+m(2x+3y)-\dots
$$
$$
m^2(x-y)-n(2x+\dots)\dots
$$

On tire de la seconde :

$$x = \dots \qquad y = \dots$$

et l'on a dans la troisième équation,

$$z = \frac{\dots}{m \, (2m - 1)}$$

Résoudre en x et y le système des deux équations :—

$$m^2 (x - 3y - 2) = m + 3$$
$$(m - m^2) x + m(y - 1) = 2m^2 (x - y) - 8m^2 - 2$$

Ces équations peuvent s'écrire :

$$x (2m + 1) + y (1 - 3m) = \frac{2m^3 + m + 3}{m}$$
$$x (1 - 3m) + y (2m + 1) = \frac{-3m^3 + m - 2}{m}$$

Résoudre :

$$x = \frac{m^3 - 2m^2 - 1}{m^3 (m - 2)} \qquad y = \frac{1 - m}{m^3 (m - 2)}$$

$$\begin{cases} x + y - z = a - 1 \\ y + z - u = 2a - 3 \\ z + u - v = a + 4 \\ u + v - x = 3a + 2 \\ v + x - y = 3a + 3 \end{cases}$$

comme indiqué précédemment (Voir n° 351, p. 115.)

$$y = 2a - 3 ; \qquad z = 3a - 1 ; \qquad u = 2a + 4 ;$$
$$v = 3a - 1.$$

$$\frac{y}{z} + \frac{1}{z} + \frac{t}{x} = c$$
$$\frac{1}{t} + \frac{1}{x} + y = d$$

$$\frac{1}{t}=\frac{b+c+d-2a}{3}$$

$$t=\frac{3}{b+c+d-2a}, \qquad x=\frac{3}{c+d+a-2b}$$

$$z=\frac{3}{a+b+c-2d}$$

463. Résoudre $\begin{cases} ax+by+cz=d \\ a^2x+b^2y+c^2z=d^2 \\ a^3x+b^3y+c^3z=d^3 \end{cases}$

R. $x=\frac{d(d-b)(c-d)}{a(a-b)(c-a)}$, $\quad y=\frac{d(d-\dots}{b(a-b)\dots}$

$$z=\frac{d(b-d)(d-a)}{c(b-c)(c-a)}$$

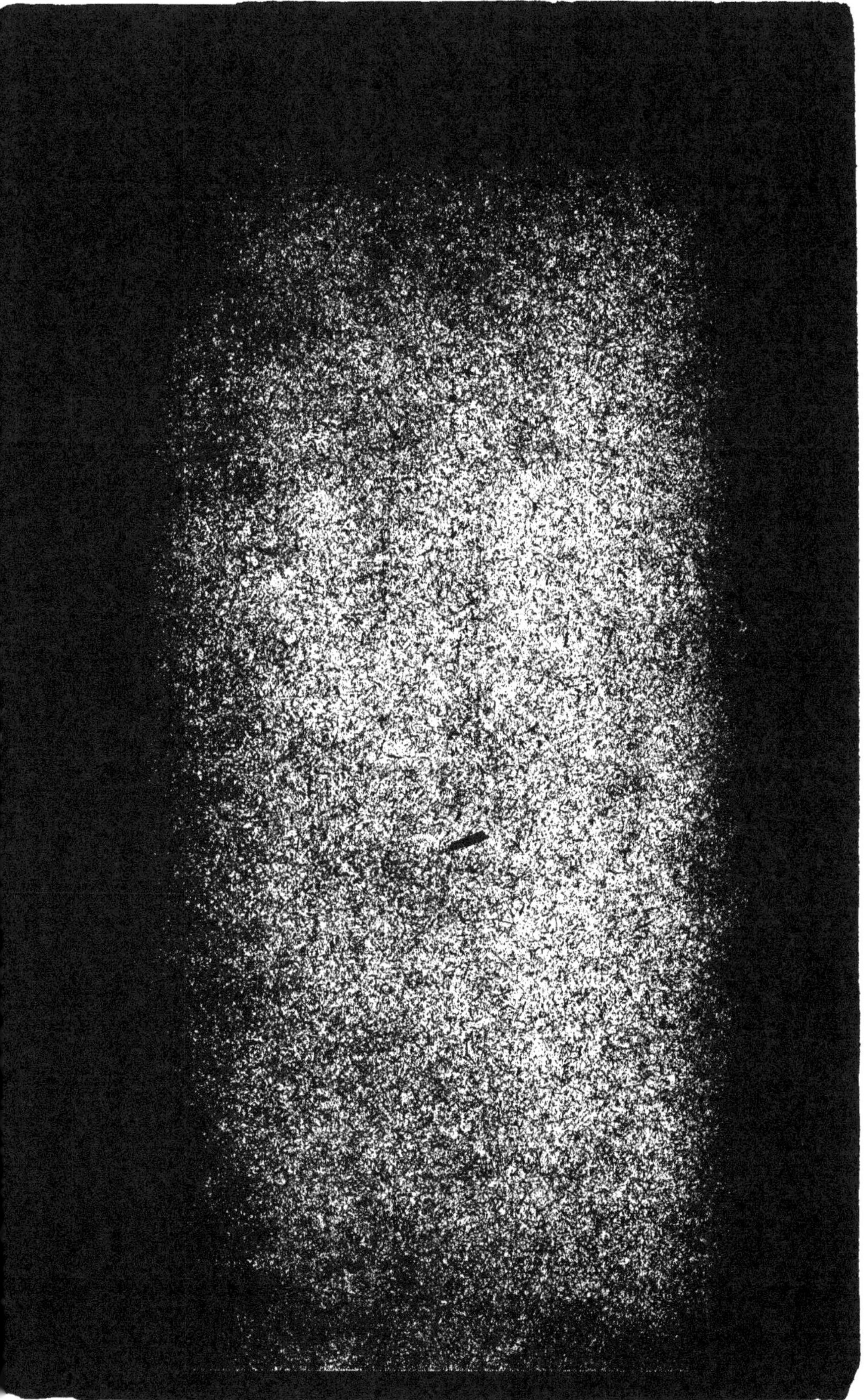

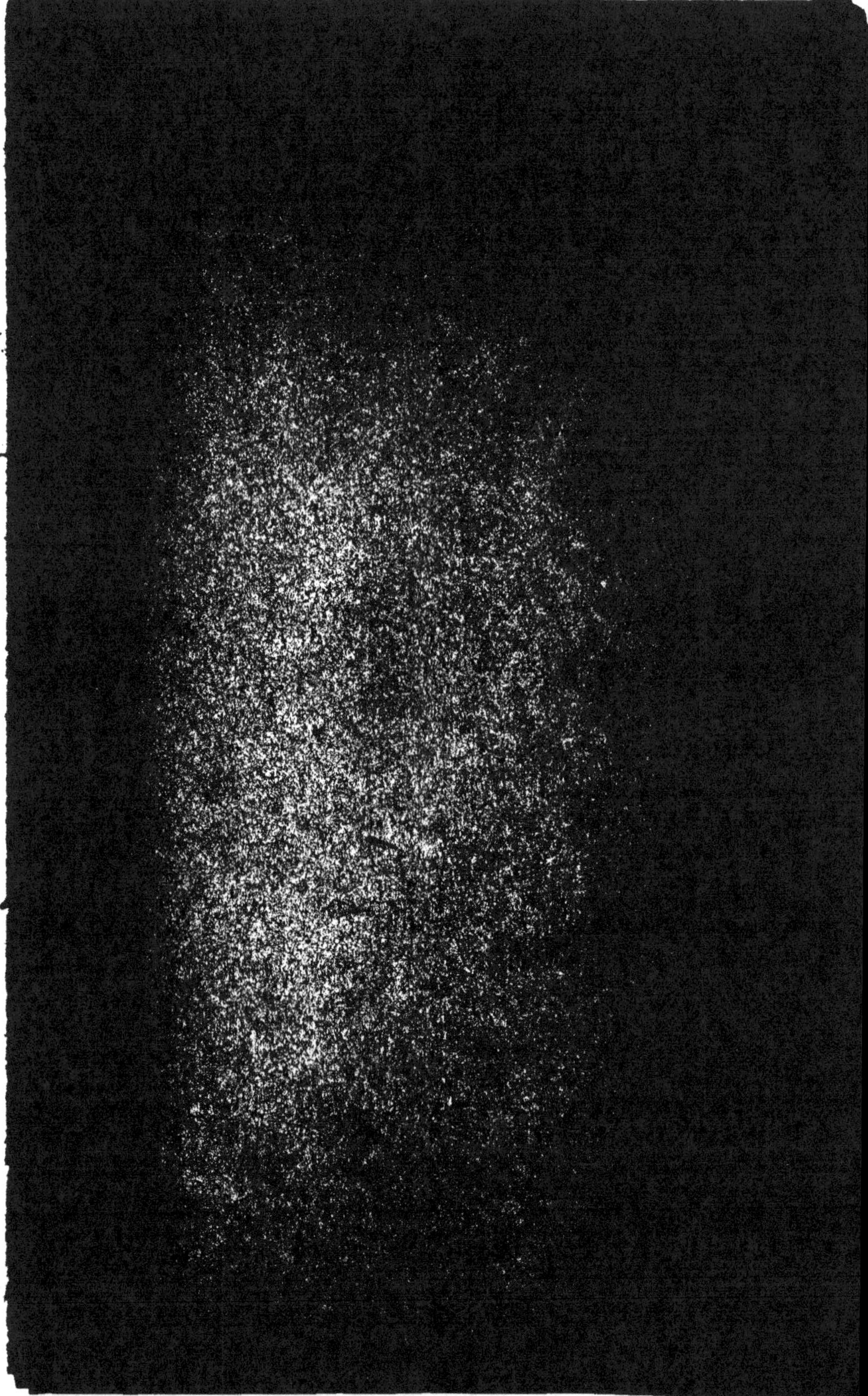